趣味科学丛书

QUWEI KUANGWUXUE

趣味矿物学

[前苏联] 费尔斯曼⊙著

余 杰⊙编译

天津出版传媒集团

天津人民出版社

图书在版编目（CIP）数据

趣味矿物学 / (苏) 费尔斯曼著 ; 余杰编译 . -- 天津 : 天津人民出版社 , 2018.6（2021.11重印）
（趣味科学丛书）
ISBN 978-7-201-13197-9

Ⅰ.①趣… Ⅱ.①费…②余… Ⅲ.①矿物学—普及读物 Ⅳ.① P57-49

中国版本图书馆 CIP 数据核字 (2018) 第 067978 号

趣味矿物学
QUWEI KUANGWUXUE

出　　版	天津人民出版社
出 版 人	刘　庆
地　　址	天津市和平区西康路35号康岳大厦
邮政编码	300051
邮购电话	（022）23332469
电子邮箱	reader@tjrmcbs.com

责任编辑	李　荣
装帧设计	同人阁·文化传媒

制版印刷	香河县宏润印刷有限公司
经　　销	新华书店
开　　本	710毫米×1000毫米　1/16
印　　张	13
字　　数	186千字
版次印次	2018年6月第1版　2021年11月第2次印刷
定　　价	32.00元

序　言

亚历山大·叶夫根尼耶维奇·费尔斯曼

　　亚历山大·叶夫根尼耶维奇·费尔斯曼（1883.11.8—1945.5.20）出生于圣彼得堡，年幼时就对石头和矿物产生了浓厚的兴趣。中学毕业后，他来到莫斯科大学。在莫斯科大学就读期间，他总共发表了5篇关于化学、矿物学和结晶学的论文，得到了优异的成绩，并且获得了矿物学会颁发的安齐波夫金质奖章。

　　1907年，费尔斯曼在24岁时离开了莫斯科大学，三年后便被聘为矿物学教授，这样的成就不可谓不大。在他成为矿物学教授的两年后便开始传授一门名为地球化学的新课程，这可谓世界范围内的第一次。

　　35岁时，费尔斯曼教授当选为苏联科学院院士，并任科学院博物馆的馆长。

　　十月革命过后，费尔斯曼便开始呼吁社会重视苏联的矿产和自然资源，并且阐述了这些资源对苏联发展的重要性。他曾亲自带着探险队前往科拉半岛、阿尔泰、克里木、贝加尔甚至中亚地区寻找各种矿石资源，并取得了非常不错的成就。他的探险队在科拉半岛发现了磷灰石矿和镍矿，这两种矿物的发现都对人类社会的进步和发展有重要的意义；他还在卡拉库姆沙漠发现了硫矿，对硫酸工业的生产以及依靠硫酸的工业生产产生了非常有利的影响。

当然，他的成就不止于此。

费尔斯曼在写作方面也颇有建树，曾写下了以《趣味矿物学》《趣味地球化学》为代表的科学系列读物，并且还有各类论文、专著等1500余篇。《趣味矿物学》和《趣味地球化学》这两本书在世界范围内掀起了一股思维浪潮，是世界公认的科普名著。费尔斯曼在这两本书中表达了对未来的憧憬和向往，用极富感染力的文字引导青少年走向探索之路，为人类的科学发展做出了至关重要的贡献。

但是，由于过度劳累，费尔斯曼于1945年5月20日去世，终年62岁。他的悼词是：

"亚历山大·叶夫根尼耶维奇·费尔斯曼院士不幸去世了，这是一件非常令人难以置信的事。他是那么的积极、活跃，并且乐观向上。我们不仅是失去了一位伟大的科学家，我们还失去了一位追求真理、努力工作和勇于探索的人，一位兴趣广泛且拥有天才级潜力的人，一位能够调动情绪、为将来的科学事业做贡献的演说家和科学的普及者……"

原　序

　　矿物学真的有趣味性吗？它到底有什么内容？其中有哪些有趣的东西可以吸引到那些有好奇心和上进心的年轻人呢？又是什么让他们产生了观察、收集、认识、研究矿物的兴趣呢？

　　其实，不管是用来铺路的石子或石灰石、用来制作砖块的黏土、用来进行工业生产的铁矿石，还是那些被保护、被陈列起来的各色宝石，都属于"矿物"。我们知道，天文学的研究目标是宇宙的天体，生物学的研究方向是生命的规律，物理学的研究目标是宇宙的规律。但是，和这些解答疑惑、提供知识的科学相比，矿物学能带给我们什么有趣的事呢？

　　如果找几本矿物学的书籍来看看，就会明白为何高等学校的毕业生大都不喜欢这门科学了，他们认为矿物学是非常枯燥的一门学科，要么就是难以记住的各种矿物学名词，要么就是更加冗长复杂的地名，再加上让人非常难懂的晶体学，导致这些毕业生不看好也不喜欢这门学科。

　　然而，这些并非是矿物学的全部，它其实是一门非常有趣的科学，即便是在我们看来没有生命的石块，也都有着非常长且丰富多变的生命历程。矿物学的研究往往指向那些有趣的、重要的问题，这些问题的趣味程度甚至要超过生物学的某些学科。

　　不仅如此，根据矿物学的一些资料和知识，我们可以提炼出作用更广泛的金属，采掘更多的石材，拥有更加先进的技术，完全改善工业和农业等的环境。如果翻开这本书并看一段时间后就会明白，这本书的目的已经达到了，已经将读者带入了矿物和晶体构筑起来的奇特世界。

我本人非常乐意将这个世界呈现给读者们，我希望你们像关注其他学科一样关注这门学科，关注矿场和采石场，并且自己动手，前往深山老林和江河湖海，一同去寻找矿石标本，寻找可供学习的新知识。在这些地方，我们同样会寻找到自然的规律和规则。

我打算把自然界中出现的现象写成一篇文章，像画家画图那样，把矿物学中重要的地方画成几十张或者上百张图片，这样就能够让读者自行想象，并且将图片和文字联系起来，加深印象，形成完整的知识结构。

但是，并非每一个读者都能将文字和图片构筑成完整的结构，我的说服力也没有想象中那么强，他们还是需要一个更加能干的"画家"，引领他们的思维和智慧，而这个更能干的"画家"正是自然本身。我希望读者们在读完这本书后能够行动起来，去乌拉尔、克里木、希比内等地旅游，寻找矿物、石头，并思考一下它们在自然界中的生命历程。

我还希望读者们能够按照顺序读完这本书，因为书中的知识都是循序渐进的，只有从头开始慢慢阅读，才能慢慢加深自己的理解，掌握书中的全部知识。

这本书分为两个部分，第一个部分讲的是石头的生命历程以及石头的各种性质，第二个部分讲的是石头的两种状态，一种是能够让人遐想的石头奇迹，另一种是和人类日常生活息息相关的，在工业和农业中的状态。不过，这两种状态到底哪种更让人惊奇，我还是说不好，到底是因为它们有非常多变的颜色，有奇怪的形状，能够生成各种形态的晶体呢，还是因为它们能够进入熔炉，燃烧、熔化、凝固，产生热的变化，满足人类的创造欲望。从一些黑色的石块中提炼出闪闪发亮的白银，或者从红色的矿石中提炼出液态的汞、从和黄金颜色相仿的矿石中得到硫酸等过程中，也能够展现出矿石的惊奇之处。

很久以前，中世纪的炼金术师们在他们的实验室里奋斗着，试图将水银变成金子，或者从土壤中提炼出仙丹，或者从黄铁矿中提炼出硫，但是结果都不尽如人意。如果把他们带到现在，给他们看从绿色镭矿石中提炼出来的、能够"永远"发亮发热的镭盐，以及那些用白色矾土制成的红宝石和银色金属铝，又或者从黄铁矿中提炼出硒，他们一定会认为他们曾经的梦想已经实现，并且会认为这样的结果比他们之前的梦想还要梦幻。

话虽然这么说，但是在科学和技术层面，我们仍然有问题需要解决。

太阳光能量巨大，每天都有千百万马力的能量被白白浪费；风能资源同样很重要，却没有得到有效利用；地底深处的物质同样充满神秘，人类还没有办法彻底得知地球的深处到底是什么。这就表明自然并没有被人类征服，我们还没有办法控制、掌握自然之力，所以我们还需要提高自己的知识水平，让自然之力在工业和农业方面起到决定性的作用。

读者们就是我的希望，如果读者们看完这本书后有了认识矿物、研究矿物的兴趣，打算彻底了解它们，并且将它们和我们将来的生活联系在一起，那么我就成功了一半。即使这种兴趣并不强烈，但总能激发读者的意志以及对知识的渴望。

卫国战争中，武器的数量和质量都对战争的走向有着至关重要的影响，苏联在生产诸如坦克、飞机等机械时用到了非常多的元素，这些元素无一例外都是从各种矿石矿物中提取出来的稀有或非稀有元素，因此在卫国战争期间，人们对地下矿藏抱有非常浓厚的兴趣，也正是因此，矿物学就不只是一门有趣的科学了，也是一门用于保家卫国的、不可或缺的科学。如果苏联在争夺地下资源以及自然资源的斗争中取得上风，势必会增加苏联在世界的威望，让苏联人民更加安定幸福。

于是我在这里恳求读者们将这些事情重视起来，如果发现了一些矿物为数不多的照片等资料，就请将之寄到苏联科学院矿物博物馆，这样既能够充实这本书的内容，又能给新读者带来新的知识，毕竟这本书就是给我们那些值得骄傲的、幸福的下一代准备的。

费尔斯曼

目　　录

第一章　自然和城市中的矿石

1.我收藏的矿石 ················ 2
2.博物馆中的矿石 ·············· 4
3.去山中寻找矿石 ·············· 11
4.马格尼特那矿山上的矿石 17
5.山洞中的矿石 ················ 21
6.湖底、沼泽底和海底的矿石··· 25

7.沙漠中的矿石 ················ 26
8.耕地和田野中的矿石 ········ 30
9.橱窗中的矿石 ················ 32
10.皇宫中的矿石 ··············· 43
11.大城市中的矿石 ············· 47
12.禁采区中的矿石 ············· 50

第二章　自然界非生物部分的构成

1.矿物 ······················· 60
2.地球和天体中的矿物学 ········ 61

3.晶体和晶体性质 ·············· 67
4.晶体和原子世界的构成情况···70

第三章　石头历史

1.石头的成长 ·················· 76
2.动物和石头 ·················· 80

3.来自天上的石头 ·············· 81
4.不同季节的石头 ·············· 86

5.石头的年龄 ·················· 89

第四章 宝石和有用的石头

1.金刚石 ·················· 94　　3.黄玉和绿柱石 ·················· 100

2.水晶 ·················· 98　　4.宝石的过去 ·················· 102

第五章 奇怪的石头

1.大晶体 ·················· 108　　7.层层叠叠的石头 ·················· 124

2.植物和石头 ·················· 111　　8.可食用的石头 ·················· 125

3.石头的颜色 ·················· 113　　9.生物体内的石头 ·················· 126

4.液体和气体矿物 ·················· 117　　10.冰花 ·················· 129

5.软硬不同的石头 ·················· 119　　11.水的历史 ·················· 133

6.石头纤维 ·················· 120

第六章 使用石头

1.人和石头 ·················· 138　　8.食盐和盐类 ·················· 158

2.碳酸钙 ·················· 140　　9.镭和镭矿石 ·················· 160

3.大理石 ·················· 142　　10.磷灰石和霞石 ·················· 163

4.黏土和砖 ·················· 146　　11.黑煤，白煤，蓝煤，红煤··· 166

5.铁 ·················· 148　　12.黑金 ·················· 170

6.金 ·················· 151　　13.稀土元素 ·················· 172

7.重银 ·················· 156　　14.黄铁矿 ·················· 174

第七章　给矿物爱好者的话

1.收集矿物的方法 …………… 178

2.鉴定矿物的方法 …………… 183

3.整理收藏品的方法 ………… 185

4.寻找矿物的方法 …………… 187

5.矿物学家的实验室中有什么
　…………………………… 190

6.矿物学史断片 …………… 193

7.最后的忠告 …………… 194

第一章

自然和城市中的矿石

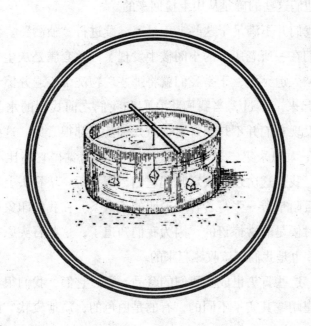

1. 我收藏的矿石

我小的时候就很喜欢矿物，当时，我和我的朋友们每年夏天都要到克里木的辛菲罗波尔公路去，住在公路旁边的一栋房子里，然后爬到附近一个有水晶矿脉的悬崖上去玩。水晶，顾名思义是和水一样透明的，但是非常坚硬，想要弄碎它非常困难，我也是费了很大的力气才用小刀将其中的几小块挖了下来。当时我和其他孩子们见了这种东西，都非常兴奋，毕竟它是这么整齐，就像那种被打磨出了特定造型的宝石。

我们把它们叫作"小手风琴"，小心地把它们包裹在棉花中带了回去。老人们总觉得这些石头并非是从悬崖上找到的，毕竟这么整齐，他们认为这些是经过了加工的。每次听到这样的结论，我们总会很得意，然后告诉他们这些的确是从山上捡回来的。

然而我们并不满足于这些，于是就继续进行"侦测"。偶然的一次机会，我们在一所老房子的小阁楼中发现了一整套满是灰尘的矿物。它们大概是被人遗弃了，于是我们就将那些矿物洗了一遍并擦干，打算将它们收集起来。不过，当我们将它们和我们之前找到的水晶放在一起时，我们发现它们并不是很好看，有几种甚至都很常见。这些种类的石头我们并不太想采集，也不是很感兴趣，因为觉得它们比不上那些水晶。不过，我们这次还是决定收起它们，因为每一块石头上都贴着一个号码，并且附带着一张写着各种说明的小纸条。在我的印象里，我们看到这些的时候是非常惊讶的，因为我们知道了，这些石头原来也是有名字的，这些也是我们应该收藏起来的。

于是，这些石头也成了我们的藏品。通过它们，我们很快便得知克里木的悬崖峭壁其实是不同的，有的是白色的，质地较软，而有的是黑色的，质地也较硬。

在这之后我们慢慢收集了一套矿物以及岩石，还买了一些探讨矿物的书来看，彻底把"收集矿物"当成了一个项目，每到夏天都要抽出一些时间去寻找和收集石块。这个工作在一开始确实很好开展，除了一些悬崖和峭壁，还有很多采石场。虽说采石场采出的石头一般用来修路，不过我们还是很乐意去收集它们。这些石头也很有趣，有的摸起来像皮肤和纤维一样软，有的是和我们最初找到的水晶相仿的晶体，还有的带有条纹，或者有着奇奇怪怪的颜色，像是印花布或丝织品。我们运走了好几十千克各类石头，虽然我们不知道它们的名字，却能够清楚地分辨它们。

日子一天天过去，当初的好友也都不再爱好收集矿石，他们的藏品也都到了我的手里，于是我的收藏品一年比一年多。后来，我认为在克里木和敖德萨海岸已经没有可以再收集的矿物种类，于是便拜托在别处的熟人，让他们帮忙寻找我没有收集的种类。每次去熟人家里，看到他们家里那些漂亮的矿物，我都会不客气地请求他们将这些矿物送给我。

再之后，我去国外待了几年，也找到了很多收集矿物的机会。我发现，很多非常漂亮的晶体矿物都被放在精美小巧的橱窗里，它们旁边的标签上不仅写着矿物的种类和产地，还有标价，原来这些"宝贝"是用来售卖的啊。经过这件事，我就开始了新的生活，用多余的钱去买这些石块和矿物，然后在回国的时候小心地用箱子带回。入境检查的时候我多少有点儿忐忑，把它们拿出来检查过后回到家，便将它们和我原来的收藏放在一起。

我的收藏日渐增多，并且也不限于单纯的收藏了，而是变成了一种科学收集品。我也像这些商店一样给每一块矿石加上标签，标明它的名字以及发现地。经过了这么多年，我对这个"大学"也有了新的认识，并且令我骄傲的是，我不再仅限于收集，而是能够准确说出它们的名字了。

这之后又过了很多年，大学毕业后我的藏品数量已经过千，儿时的娱乐项目现在却成了科学工作，我的兴趣也转变成了科学创造。

这么多的藏品，我已经不可能全部摆放在家里了，于是我将它们分了类，一类是有科学价值的，我将这一类矿物和我在克里木找到的那些一起送给了莫斯科大学，其他的都送给了莫斯科第一国民大学，陈列在那里。很多人去看过我的这些收藏后，都对矿物学有了新的认识。

这些都是我个人爱好以及个人收藏的历史。我知道，我自己并没有多少价值，但是每一个收藏对于收藏者来说都是非常有意思、有意义的事。试想，一个收藏爱好者在某个自然形成的地方比如悬崖峭壁中找到一些美丽的晶体，或是在一些石头碎片中发现了自己不曾见过的矿石，那是多么美妙的事情！

小时候的爱好不仅决定了我之后的工作，也决定了我的一生。我不再只是因为个人爱好而去收藏了，而是想着如何才能让国家的博物馆保持在全世界的荣誉。自然，我不再用那些简陋且精确度不高的方法来辨认矿石了，而是在宏伟的研究所里用科学的方法去辨认它们；我也不再去克里木公路旁边的悬崖了，而是去北极圈、中亚沙漠、乌拉尔荒林以及帕米尔山等等偏僻遥远的地方探险以及采集。与此同时，对矿物的研究，也就是矿物学，在近些年也开始逐渐演变成了一门非常重要的、范围非常广的科学，这门科学不但告诉人们如何去辨认各类矿石，还会讲述石头在生活中起到的作用以及其使用方法、组成、起源、将来可能发生的变化，等等。

在目前看来，寻找矿石就等于寻找新的矿山，就是为将来的工业和经济发展而努力。

2. 博物馆中的矿石

上一节中，我曾提到我将一部分收藏贡献给了国家的博物馆，那么现在，我们就去博物馆里看一下吧。

说起博物馆，我们之前应该都去过动物博物馆，里边有很多凶猛的野兽和各种各样的甲虫，让人兴致盎然；还有古生物博物馆，那些巨型古代生物的骨骼以及化石都非常吸引人，它们见证了生命的演化，它们也曾生活过，但是现在已经成了历史。这个生和死共存，不断变化着的世界同样有趣。

相比这些，矿石就显得有些"枯燥无味"了，那些铺在公路上的石头、成了房子一部分的石头都是没有生命迹象的，也就是说是死的。就说这些粗糙的石块，怎么也不会让人觉得引人入胜，它们只会死气沉沉，单调又乏味。

不过，尽管这样，我还是希望我们能够如约去矿石博物馆看一看。

我们的目的地是1935年从彼得格勒（今圣彼得堡）搬到莫斯科的矿石博物馆（图1），它最初是由彼得大帝创办的，在莫斯科建好大楼后才将装了47节车厢的收藏品运送到了这里。除了200多年前彼得大帝从别处转来的，已经在这里的珍奇矿石，每年还有好几吨石块从苏联各处运到这里，然后被分类鉴定后收藏起来。

最初，彼得大帝创办这个博物馆时，博物馆收藏的都是稀有且珍贵的物品，当时所有的博物馆都是这样。然而这个情况没有持续多久，罗蒙诺索夫[1]认为，矿石博物馆收藏的范围应该不仅限于珍贵的、稀有的矿物，应该要把所有象征俄国的富饶的东西全部取来样品陈列出来。这就需要在全国范围内收集更多的矿石了，还有一些天然染料或者有用的土壤，等等。

本来人们认为这是个浩大的工程，毕竟罗蒙诺索夫请求俄罗斯帝国的每一个城市都去收集不同的石块给他。然而他说这并不困难，只需要动员那些喜欢在河边、湖边或者山里跑来跑去的孩童即可，他们自然乐意去帮忙收集这些有趣的东西。

但是，罗蒙诺索夫没过多久就去世了，他的这个光辉提议也随着他的逝去而付之流水。不过，现在必须要将这件事拿出来重新提上日程，在苏联全国开展这项充实矿石博物馆的工作。

虽然罗蒙诺索夫的倡议并没有得到响应，但这个博物馆还是在它存

---

[1]　米哈伊尔·瓦西里耶维奇·罗蒙诺索夫（1711—1765），俄国的科学家、哲学家。他的研究领域很广泛，不仅有物理学、化学、矿物学、光学等科学，还有历史、语文、艺术等。正是由于这么多的研究领域以及诸多贡献，比如质量守恒定律以及俄罗斯语法的系统编辑，被称作"俄国科学史上的彼得大帝"。

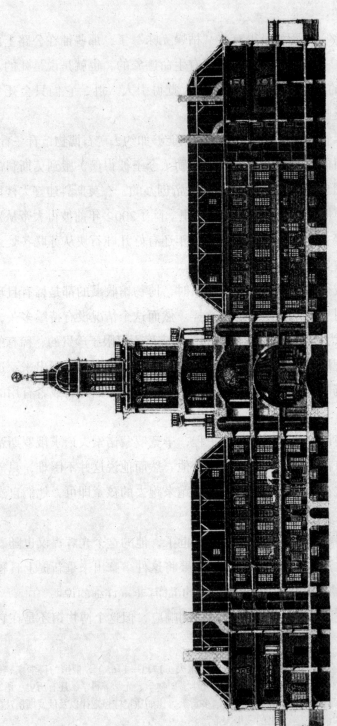

图1 彼得大帝创办的矿石博物馆是世界上最古老的矿石博物馆之一，罗蒙诺索夫博物馆也被包括在这个建筑之内

在的这225年内积累了大量宝藏，每从外面运来一块矿石都会被鉴定后做上标记，写上一些关于矿物属性的卡片，然后陈列在博物馆中。如果有人想要知道沃伦河畔的日托米尔附近或是克里木以及莫斯科近郊都出产哪些矿物，看一下卡片的目录即可得知这些信息，并且能够找到样品。

话不多说，现在我们进去看看吧！

首先，穿过文化休憩公园里的美丽花园，来到苏联科学院矿石博物馆大楼前。这栋大楼很是豪华，占地面积约有1000平方米，里边有各式各样的苏联的地下宝藏样品，这些宝藏正是建设苏联的基础。

现在我们看到，有几块黑色的没有固定形状的东西被放在了几个玻璃格子里，它们有的像是纯铁，有的带着一些小黄点，其实只是些灰色的矿石罢了。这里有一块250千克重的铁，它是一块陨铁，旁边写着"1916年10月18日，西伯利亚尼古拉—乌苏里城附近"的字样，标记了落下的时间以及落下的地点。其实这个屋子中的所有石块都是陨石，它们之前都在天上像星星一样闪闪发亮，又从遥远的太空飞到了地球，穿过大气层后落到地面上，大多数时候会深深地陷在地里。这个橱窗展示的就是这些黑色的陨石，都是一些小石块，它们都是在罗姆仁斯克省被发现的——在1868年的冬天，一场陨石雨带来了它们，总量大概有十万块之多。

另外一个橱窗里边展示的是一些铁块，然后就是一些灰尘状的暗色物质，再然后是冰雹大小的黑色奇怪石块以及透明度足以和玻璃媲美的陨石。这些物质的原产地都不是地球，而是太空，它们本来在距离地球很远的地方，在撞向地球后，就受到了水和空气的影响，以至于出现了某种变化。

我们继续去参观别的橱窗。这些橱窗上都有非常详细的说明书，隔板上也放着不同颜色和形状的矿石。它们的色彩无一例外都是天然的，有的像金银，有的闪闪发亮，有的清澈透明，还有的像彩虹一样五颜六色，就好像在它们的内部有不同光线的灯在照射一样。

阳光照射进来，打在这些矿石上，使它们都闪闪发亮。但是并非所有橱窗都能见到太阳，有一些橱窗比较暗，只能打开电灯，于是，那些矿石在灯光的照射下发出了更加有趣的光芒，天蓝色和酒黄色的黄玉更加闪耀了。不过让人惊讶的是，黄玉的样子似乎和原先不太一样了，就像是用小刀加工过的一样。不仅如此，本来透明的海蓝宝石和绿柱石也开始发光，看上去很吸引人。当然，除了这些叫得出名字的矿石，还有那些叫不出名字的，我们都可以在标签上找到它们的名字以及发现它们的地点。博物馆的向导将我们这些参观者带到了一个橱窗前，说：

"这里的收藏品都非常别致，我们并不想只是让你们看到不同种类的收藏，我们还想要让你们看到同类矿物的不同形态。其实，每一种矿物都是有非常多的形态的，矿石也有自己的生命以及历史，深入研究一下就会发现这些矿石的生命史有时甚至要比生物的生命史有意思得多。

"这一组矿石的形状和色泽显然是不同的，明亮程度等也是不同的，但是它们都是'石英'。这仿佛有些不可思议，因为这一块看起来居然和旁边写着'萤石'的这一块很类似，并且还有一些和那边电灯下的金刚石差不多。然而我们也知道，它们并非同种物质，现在我就给你们说一说，为什么石英的'种类'有这么多。

"其实，这些石英并非是按照种类来陈列的，当然，这些都是有目共睹的。我要说的是，它们是按照自然界中所在的环境和生成条件来陈列的。这些是1000℃熔岩形成的石英，而这些是曾在炽热泉水中溶解，之后形成的石英，还有这些有固定形状，很是规则的水晶是在地面上形成的，所以这些石英的形状并不相同。

"在知道这一点后，通过那边那个橱窗我想你们还会明白，矿物产生之后发生的事件和矿物的性质也起了很大的作用，它们有的完好如初，有的却会变化，甚至被破坏，就如同死掉了一般。"

向导讲解过后，我们又去了大厅的另一边，看到了很多矿石的生成历史。其中有一些矿石是自然生成的，比如从地下渗出的小孔生成，或者直接在地面上自然生成；有一些是人工制成的，比如在实验室或者在工厂里用化学方法制成的。这些晶体的形状以奇怪的居多，比如有类似植物分支枝干的，类似针状或细线的，以及类似棉花团或普通玻璃的。

当然，上边我们提到的矿物不管是什么形状，总归是规则的，但是我们在这些规则晶体的旁边还发现了一些不规则的矿石，就像是被融化过又再次凝固的奶糖。这些矿石正是被侵蚀过的黄玉和海蓝石，有一些其他物质将它们原本的形状破坏了，将它们溶解了，腐蚀了，于是就变成了现在这个样子，看上去似乎是要消失掉一般。

另外一个橱窗旁边放着很多并排的白色"管子"，就像是从漏斗里漏出来一样，帷幕似的挡住了后边，这些正是从克里木山洞中找到的钟乳石。除了这些，还有一排在彼得宫城地下室里生成的钟乳石以及一些涅瓦河基洛夫桥底下生成的钟乳石，这两批钟乳石都是在人的眼皮底下生成的，生成的过程是人们亲眼看到的。

这些巨大的钟乳石看完之后，继续往下看就是一些小的东西了，有花朵、鸟巢，以及鸟巢中的蛋。这些东西的外边都裹着一层非常厚的石头，正是长年累月泡在温泉中形成的。

如果再往下看，就是化石了。我们都知道，化石最初的形态并不是石头，而是远古时期的动植物，它们死后，骨骼由于种种原因才得以成为化石，被永久保存了下来。

看过这么多种类的矿石、化石后，我想你们应该会知道石头也是有自己的历史的了，只是这些历史并不像生物的历史那样简单，那样容易理解罢了。

看到这里，这个大厅算是参观完了，下面去另一个大厅看看。

这里的收藏品都不是一小块一小块的矿石了，而是处在"自然环境"下的矿石。这个大厅里的墙上挂满了照片和地图，还有一些大型挂画，上面画着山脉、矿脉、沙漠等地质环境。然后，在墙边的狭窄橱窗里的就是矿石藏品，它们此刻正好就处在它生成时的地方，和其他的矿石连在一起。其历史不仅与自然界以及人类和动植物的变动有关，还与其附近的土壤以及气候有关，这些矿石的陈列方法正好体现了这些关系。

首先，我们可以得知这些矿石的生成条件。有一些矿石是从熔岩那样的高温熔化物中产生的，这些熔化物从地底上升，夹带着炽热气体和水蒸气沿地下的裂缝钻入地壳，然后冷却成为固体。还有一类是在炽热的泉水或温泉中产生的，这些温泉同样涌出，然后在冷却过程中那些贵金属还有纯净的晶体就会析出，慢慢地沉淀下来。和上一类不同的是，这一类晶体是在水中生成的。除了上边这两类，还有一类是在地表形成的，既不是火里也不是水里。比如，其中一些在盐湖中形成，是天气炎热的时候在湖底沉积下来的盐；一些在山洞中形成，石灰水从洞顶滴下，慢慢沉积，形成前文提到过的柱形钟乳石；还有一些在沼泽中形成，植物逐渐腐烂，最后变成石头。

这里的石头都并非像上一个展厅那样是独立的，而是有自己的存在空间，是和它周围的物件一起收藏进来的，也就是说，它和它所生活的环境都一起被收藏进来了。

而这正是石头的世界。

石头的历史也和我们的历史一样一点儿点儿前进着，只是石头的变化非常缓慢，我们自然就将它们当作没有"生命"的部分了。

到此为止，我们已经参观了两个大厅，这两个大厅都是矿石在自然界中的历史，现在我们要去最后两个大厅，去看看石头在农业和工业方面的历史。

首先看到的就是玻璃、陶瓷、搪瓷、冶金等工业中用到的矿石，这些都是人和工业使用矿石的例子，在现代人手中，石头已经是全新的东西了，它的衰老死亡速度也比在自然界中快得多。不过总的来说，不管是工农业中的石头还是自然界中的石头，都在变化、生长以及死亡，这也就决定了矿物学并非是死板乏味的，毕竟这门科学所研究的正是石头的生命历史。

3. 去山中寻找矿石

我们的周围景色非常平淡无奇，要么是土壤，要么就是沙子，也没有什么矿石可以寻，就算在河流旁边找到一些石头，也是不值得收藏的，不能引起我们的兴趣，所以，我们要到山里去寻找矿石。山里有悬崖，有峭壁，有在众多的山石中闪着蓝光的湖泊，还有曾经是河流或者现在还汹涌着河水的河床，我们现在就去这些地方转转。

跟我一起的人并不少，有老有小，并且带着锤子、背包、食物和水等必备物品。我们从彼得格勒出发，沿着基洛夫斯克铁路乘火车来到了希比内[1]。这个地方目前非常的有名，矿物种类非常多。不久之前这里还是无人问津的荒野，不过经过基洛夫的开发，这里现在已经非常繁荣了。

希比内地区是山地，海拔大概有1000米左右，位于苏联西北部，处在北极圈以北，已经是极地地区了。这个地方的环境并不是很好，荒凉的山谷，几百米高的断崖，这些都让人望而生畏。根据地球的某些特性，一年中的某些时候甚至在半夜都能看到太阳，而在这几个月内阳光也会一直照射着高山上的那些积雪地带。如果选择在秋天来这里，那么在昏暗的夜晚甚至可以看到美丽的极光——它像一条紫红色的帷幕，垂在森林、湖泊和山脉的上空。

当然，矿物学家们来这里的主要目的可能并非这些景色和这里的各种矿物，而是有别的目的。在他们看来，"苏联北部的花岗岩地盾[2]在很早的时候是如何生成的"这一至今仍无答案的问题的吸引力可能会更大一些，很能引起人们的思考。

---

[1] 希比内位于俄罗斯摩尔曼斯克州的科拉半岛，这个半岛上矿石和矿物质极为丰富，磷灰石、铝、铁矿石、云母、金云母、陶瓷原料、钛矿石、蛭石等均有分布，不仅如此，这里还有一些稀有的有色金属。

[2] 地盾即在遥远的地质年代形成的陆地，也就是古陆。——译者注

　　表面上看，这片大自然同样是单调的，平淡无奇的，索然无味的，悬崖峭壁中长满了很普通的苔藓和地衣。然而，这里却有种类繁多的珍稀矿物，比如血红色或樱桃色的矿石、碧绿的霓石、紫色的萤石、暗红血色的柱星叶石、金黄色的椆石等等。这些矿石简直是光怪陆离，我几乎已经无法用语言来形容了。

　　我们将自己武装起来（当然并非武器，只是科学勘探以及生存需要的东西，比如水和食物、炊具、帐篷、开采工具以及望远镜等），慢慢离开了西部内车站，向山里进发，经过了一座又一座的山峰。随着我们的逐渐深入，山谷也逐渐变得狭窄。但是，我们还是能够看到在林子深处另一边的那条杂草丛生的小道，并在小道上游紧靠林子深处的云杉林搭上了帐篷。

　　帐篷里非常闷热，很多蚊虫在我们身边不断飞舞。这里虽然是苏联的脊背地带，但在夏天这样的蚊虫袭击还是免不了的，我们必须用防蚊网保护住头并戴好手套，免得被这些蚊虫弄得疲惫不堪。

　　也不知过了多久，天已经大亮，荒凉且陡峭的山峰边缘开始散发出红色的光。然而我们看过时间后才知道现在还只是凌晨，只有两点钟。此时是夜里，还算好受一些，但到了白天可就完全不同了，温度完全可以和苏联的南方媲美。这里放眼望去到处都是山峰，但是没有什么山谷，只有在向左看的时候才能在悬崖顶上找到一个非常小的裂缝，里边全是积雪。

　　我们分成了三个小队，在太阳最燥热的时候出发，准备去海拔几千米的山上去寻找矿石。我们花了很大的力气爬山，经过了一整天的努力，在战胜了很多悬崖峭壁和碎石坡地后，终于到达了山顶。山谷的背阴处白天气温是24℃，热得让人喘不过气来，但到了夜晚山顶就开始刮冷风，气温也会骤降到4℃。不过，这样的夜晚非常的短暂。

　　我们从山顶的北侧往下看，发现这里非常陡峭，几乎就是垂直的，和墙壁相差无几，只比墙壁高了不少，约有450米。这个数字在纸上看到时并不能知道它代表着什么，但是如果把圣彼得堡市内二十座最高大的建筑或者四个半以撒大教堂一栋接一栋地叠起来，也只不过刚好和断崖等高。

断崖下边是一个非常大的冰斗，冰斗内有许多昏暗的、漆黑的湖泊，湖面上漂浮着很多白色的冰块。大雪块盖住了几乎所有的悬崖，并且从悬崖上垂下，就像是要伸向冰斗的舌头，这个"舌头"便是还未成形的冰川，让我们目不转睛。

忽然，我们看到在天空中出现了五个异常清晰的人影，看起来非常高大。没有见过这一幕的人看了之后肯定会惊叹，但是我们都已司空见惯，因为这些影子正是我们同伴的影子。果然，没过多久我们就听到了这几个影子的声音。

又过了一会儿，影子渐渐变小，声音和人影都出现在了我们眼前——我们三个小队几乎是同时到达了断崖的最高点。这里的风很大很冷，三个小队并不能在这里多观赏一下此处的景色，于是我们马上便将断崖的地形画了出来，绕着悬崖边收集了一些石块后，准备通过一个狭窄的积雪小桥走向另一个山顶。然而中途碰到了一些倒塌的大石，所以只能停了下来。这些大石的确非常大，我们无法绕过或者爬过它们去南边的山坡上。

本来我们是很沮丧的，不过在我们仔细查看了一番后却又兴奋起来了，因为我们在这个大石块中发现了苏联北部至今仍未发现过的绿色磷灰石。

这一条消息真的非常振奋人心，这是很有用的富源，也是非常了不起的发现了。磷灰石是一种非常珍贵的矿物，如果从这里运出去的话，值得放在世界的每一个博物馆中。

我们开始下山，这里有一个非常狭窄的山脊，三个队伍中的一个就是从这里上山的，于是我们并不需要多少力气就能找到下山的路。我们将绳子挂在悬崖上，慢慢顺着绳子下滑，滑到了一个宽阔的河谷。这个河谷也不普通，里边有非常漂亮的三斜闪石晶体，正是这些晶体的吸引，我们都忙着观察，下滑的时候也就不那么紧张了。不过，太阳将一切都晒得非常热，蚊子再次出现，然而我们距离营地还有非常远的一段距离。第三天上午十一点前后，我们才精疲力竭地回到了营地，那个留守的队员正在等着我们回来。

在营火边上，我们一边休息一边谈论勘探的感想。我们将整个过程捋了一遍，将收集到的样品也都拿出来检查了一下。讨论过后大家一致认为，这次勘探工作付出的努力并不算少，但是得到的结果和收获并不算多，这的确让我们很苦恼。那名留守的伙伴说，白天他去附近的洼地散步时，半个小时之内就发现了一些有趣的矿物。但是他的发现到底重不重要还不清楚，只能等去那片洼地看一下之后才能知道了。所以，虽然我们已经非常疲惫，但还是在大群蚊子的包围中再次出发，准备去那个洼地看看。

有人已经非常累了，在路上只能爬着走，不过到了地方之后都精神起来了，每一个人都非常惊讶、非常喜悦：这里是一个非常大的矿脉，产出一种属于褐夕肺矿的稀有矿物。

这种矿物让我们想起了古代萨姆人（也就是洛帕尔人）的传说，传说他们的血凝结之后会变成雪依特雅芙尔湖岸上的"神圣的"红石块。

如果一个人没有寻找过矿脉，或者没有收集过矿物，那么就不会知道矿物学家在野外工作到底是怎么一回事。这个工作不能有半点儿马虎，必须全神贯注，发现一个新的矿床是非常值得喜悦和庆幸的事，但是这就要求矿物学家的注意力高度集中，还得有一定的领悟能力。这些事情做起来就会觉得非常有趣了，并且时常还会有热恋一般的感觉和境界。三个队伍回来之后，谈论起一天的经历都是非常兴奋的，争先出示寻找到的矿物和样本，为自己的努力和获得的成果骄傲不已。

虽然我们已经很累了，但是我们还是咬着牙关进入了一个新的洼地，沿着一个暗灰色的断崖去收集这里随处可见的各色矿石。

问题已经得到了解决，我们已经发现了一个储存有非常多种类稀有矿石的富饶矿床。于是，我们就可以安静地研究希比内的矿脉了，然后将这些采集物送到车站，带着它们显然会影响我们接下来的勘探（图2）。

图 2　该图作于 1923 年，萨姆人用鹿群将勘探队收集到的矿石运往依曼德拉车站

这些工作我们一共做了三天。我们在希比内的矿脉上工作着，挪开巨大的石块并用锤子将之打碎，又用炸药炸开悬崖。我相信，在这个地方还是第一次听到炸药爆炸的声音。当然，我们也是第一次找到好几百块稀有矿石。

这次探险只是我们矿山勘探队的一个小故事，还有很多这样的故事，我就不一一细说了。二十多年内，我们每年都要在春天出发到希比内的苔原上去寻找矿石，并且每次都是满载而归，欢喜地带回几吨重的珍稀矿物和石块。

我们在去希比内的最后几年和之前一样，都要选在炎热的夏天去，那些成群的蚊子也是每年一样不厌其烦地绕在我们头顶，使我们不得不用黑色的细布将头包住，免受它们的滋扰。在那个季节，夜晚总是非常明亮，因为炎热而融化的雪水不停流淌，形成汹涌的浪涛，阻挡着我们的路。

我们去的时候是春夏，但要等到深秋才会从希比内离开。那个时候希比内的山峰峰顶都会覆盖一层初雪，墨绿的云杉、发黄的白桦，颜色鲜明的对比让这一切都好看起来。那个时候，北极地区已经开始了漫长的夜晚，一些奇幻的景色也开始出现，比如将荒凉的山地照得亮堂堂的深紫色北极光。

"我希望大家通过这几幅图能够产生去苏联北部的北极圈内以及科拉半岛的希比内苔原的兴趣和想法，我同样乐意点燃一把漂流露宿的营火，前期科学勘探的热潮让年轻人对矿物学知识产生渴望，并去努力追求。

"让年轻人到大自然中探索吧，和险恶的环境斗争吧，锻炼自己，把矿业研究站变成科研中心。我希望在我们之后还有新的人前赴后继，将希比内苔原变成旅行区，变成矿物知识的天然学校！……"

这两段话是我几年之前写的，那个时候的希比内还是无人问津的荒野，地下的宝藏也没有人知道和开发勘探，苔原、荒林和山区都没有人知道。然而现在，就像是个梦一样，这里的湖边已经出现了一座城市——基洛夫斯克，不仅通了铁路、电报、电话、高压线，还有不少工厂、矿山、普通学校和中等技校。在这些东西的上方山上，就是那一圈闪亮的绿色磷灰石，而这些磷灰石正是这里成为这样的关键。

在距离北极圈很远的某个山地的高山湖岸边，有一座北极高山植物园，还有一座非常豪华的，拥有实验室、博物馆、图书馆等分区的建筑物，这个建筑物正是希比内矿业研究站。这些分区都是纪念物，用以纪念我们勘探队在30年前背着袋子走过沼泽地和荒野树林来征服希比内的过程。

4. 马格尼特那矿山上的矿石

很久之前，我就一直想去看一下由磁石构成的山[1]，参观那个苏联新兴的钢铁城市马格尼托哥尔斯克[2]。这一次终于有时间过去看看了，于是我上了一架小飞机，大清早就从斯维尔德洛夫斯克起飞了，顺着乌拉尔山脉一直向南。飞机忽而在黑云下急速前行，忽而又平稳地在云层上空飞行。

我们隔着云层向地面看去，隐约看到这里的山脉高处似乎有一些黑色的矿物。

飞机飞行的速度非常快，我们很快就经过了车里雅宾斯克上空，得以饱览这个城市的华美建筑；再然后，我们从亚历山德罗夫斯克和尤尔马的右边飞了过去，此时地面上的物体都再次被云遮盖了起来。

忽然，驾驶员将我叫到驾驶舱，让我看飞机上的罗盘。我发现这个罗盘的指针极为不稳定地来回晃动，应该就是飞机下方有磁石的原因。我当时就在想可能我们应该已经处在马格尼特山的上方，不过我刚想到这一点时飞机突然转弯，之后开始下降，冲破了云层，这时我才发现，

---

[1] 在俄语中"马格尼特"即是"磁铁"的意思，马格尼特山也就是磁石构成的山。——译者注

[2] "马格尼托哥尔斯克"即"马格尼特城"。——译者注

我们已经来到了马格尼托哥尔斯克，位于一个鼓风炉烟囱的上方。由于在高空视野好，我们能将70平方千米内的所有巨大建筑尽收眼底，就和看平面图没什么两样。这一大块土地的西边是像蛇一样弯曲着并且闪烁着亮光的乌拉尔河，纵横交错的铁路线、公路线，还有那些奔跑的火车和汽车等，看上去都像是玩具般大小。

飞机逐渐减速，从西边绕过工厂后一直飞向马格尼特纳亚山。直到这时我们才看清楚这座山的真实样貌，让人很失望：这里到处都是铁路和机车冒出的烟，只有平坦的小山丘和一些田垅，并没有森林，当时我就想，这地方原来也没什么了不起的。

不知不觉中，飞机飞得越来越低，飞过了马格尼特亚那山后，来到了一片美丽的羽茅草草原，这正是我们的目的地。

我们刚下飞机就转乘了汽车，目的就是为了争取一些时间。我们打算什么都看一看，比如矿山、碎矿场和选矿厂，鼓风炉、铸铁和矿渣，以及平路和轧钢车间，我们打算观察一下铁究竟是如何变成钢的，而炼成的钢又是如何经过抓手[1]变成最初的粗制品的。除此之外，我们还想去发电站看一下，这个发电站的发电量仅仅比第聂伯水电站低一些，排名第二；当然，那些炼焦炭的、提炼宝贵气体的炉子也要去参观一下，顺带去看看造砖厂和耐火黏土厂以及石灰石、白云石、沙子和其他建筑石材的开采地点。

建筑工程师给我们介绍了所有的辅助车间名称，之后我们才知道开采完毕的矿石需要加上等量的原料进行加工。比如，开采一吨矿石就需要一吨的其他原料，这里边不仅包括有鼓风炉中的材料，还有炉衬、修路和建筑等等的所需材料。大钢铁厂更是如此，其工作过程中并非只需要铁矿石以及煤，还需要锰矿石、铬矿石、菱镁矿、白云石、石灰石、高岭土、耐火黏土、石英砂、石膏等几十种矿石和物质。

听完这些，我们便打算去矿山参观一下。然而由于这里的铁路线多达几十条，导致我们根本无法坐汽车过去，只能步行，徒步走上倾斜的

---

[1] 抓手是粗轧机上的某个设备。——译者注

马格尼特山。这座山看上去实在很有意思，像是被螺旋形或环形的铁路线重重紧箍。因为从这里的联合工厂开始运营之日起，每天都有几十列电动火车开来这里，将几千吨的矿石运走。就开采量来说，就算300个二战前的乌拉尔矿坑加起来都比不上这个马格尼特山。

我们一行人缓慢地沿着台阶向上走，一步步接近了阿塔赤主峰。距离主峰很远的时候我就看到，马格尼特山的一些著名工作面闪着亮光，如同金属一般。这里出产的磁铁是在地面上的，可以直接开采，并且非常纯净。

1742年，人们就已经发现了这里的磁铁矿，但直到200年后这里的富源才被人们发现，这才成为苏联大规模建设的原料产地。乌拉尔南部本来只是充满香气的羽茅草草原，但仅仅过了两三年，这里就建起了巨大的钢铁厂，因为富源的开发而改变了面貌。

我们马上就进入了磁铁的世界，在这里是不能戴表的，因为表针会被磁化，导致失灵或者失准。这里的某些有磁性的石块能将小个的铁矿石和矿屑吸成一串，甚至还有一些磁性更强的能将铁钉子吸住，或者吸起随身携带的那种小刀。

整片的磁铁矿呈现钢灰色，能够反光。当然，它偶尔也能生成黑色的颗粒状晶体，或者夹杂其他颜色相近的矿物。如果你去了意大利的厄尔巴岛就会知道了，那里有一个著名的磁铁矿，里边能发现很多种类的磁铁矿晶体，但在这里无法发现那么多，毕竟这里的磁铁矿很纯净，并且相当密集。

刚才提到这里的磁铁矿非常纯净，所以我们很快就看腻了，转而去关注这种磁铁矿在产生后算起的历史，寻找它氧化过后留下的产物——赤铁矿。我们没有白费力气，很快便发现了一些青蓝色的赤铁矿。不仅如此，我们还发现了多种色彩的黏土、暗红色的石榴石颗粒、绿色的绿帘石、鲜绿的高岭石等，正是这些矿石和物质，把赤铁矿生成的秘密和历史告诉了我们。

某些地方的黄铁矿呈金黄色，水流过后留下了绿色痕迹，这正是铜存在的证据。不仅如此，我们还观察到了一些磷和硫生成的伴生物，这就证明我们看到的矿石中含有这两种元素，于是我们明白这些铁到底是怎么在岩浆中形成的了。除此之外，我们还明白了这里的铁矿是如何侵入古代乌拉尔的石灰岩的，这一"举动"正是这座著名的铁矿山生成的基础。

不过现在我们必须离开这里了，起码要到远一些的地方去，因为人们正在用一种特殊的钻机挖爆破孔，并且还埋进了炸药。果然，没过多久这里就爆炸了，尘土猛地扬起，铺天盖地的，少数的石头跟着尘土飞向了高空，就和那些五颜六色的烟火差不多。

炸药爆炸过后，那些磁铁矿变成了碎块。人们用挖掘机将这大约四吨的矿石挖了起来，并将它们卸在能够自动卸车的车皮上。这种挖掘机一共四台，一个昼夜便能够装好几千吨矿石，然而这些机器的操纵者却只有八个人。

大自然在这个地点埋藏了如此多的宝藏，苏联人又用智慧将这些宝藏发掘了出来，这两件事都让人惊叹，并且说不出到底是哪个更让人惊叹。

那些和我一起来的人已经去其他地方观看工厂的鼓风炉和轧钢机了，而我是学矿物的，于是就留在了这里。我想，苏联的矿产资源、乌拉尔的宝藏以及工人们的坚持都是非常令人骄傲的，却没有矿物学家会为此描述并称赞一番。扎瓦里茨基院士是苏联的著名岩石学家，他曾在这里做过一系列辉煌的研究工作，观察并研究这些矿石和废石，目的正是要弄明白这里岩石的构造和性质，他给当地的岩石做了化学和矿物学上的分析。

时间过得真快，已经是傍晚了。羽茅草草原在落日的照耀下闪闪发光，那架停在机场的飞机本身是铝合金制作的，却显出鲜艳的玫瑰色。机场的人给我联系了一番，让我赶紧回去登机，于是我便离开了马格尼特那矿山。

5. 山洞中的矿石

我个人认为没有比山洞更有趣、更让人兴奋的地方了。洞口很狭窄，并且非常弯曲，里边不仅黑暗，湿气也很重。点着蜡烛走进山洞，蜡烛的光不停地摇晃着，眼睛也要好长一会儿才能适应这黑暗的环境。这里的山洞非常深，有很多岔路口，有的时候和大厅一样宽敞，有时候又像暗道一般狭窄；有时像陡坡一样忽然落下，有时又会出现无底的深渊，就算是用绳索，也很难测量这个山洞到底有多深，也搞不清楚这些弯弯绕的小路到底在何处停止。

小的时候，我曾经去克里木山洞玩过，对当时的情形记忆犹新：山洞中有很多蝙蝠，一边叫一边飞；水滴非常有节奏地滴落，发出清脆的响声；脚底下的石块偶尔会发出轰隆的响声，不知道掉到多么深的地方去了；远处有瀑布的声音，那里不仅有瀑布，还有湖泊和地下河。我为了分辨这些声音，全神贯注地听着。

有趣的事不仅这些，我还发现山洞的某些地方的装饰非常豪华，有精致的花纹和高大的柱子，它们排列得非常整齐，就像是新栽的一行行树木，这些柱子都是竖在地上的。然而有一些柱子是从洞顶垂下来的，同样非常整齐，旁边还有一些像是花环或者帘子的东西。

洞壁也并非一成不变，随处可见红、白、黄色的奇怪形状矿物，看上去就像是僵化了的巨人像或是一些什么动物的骨骼，非常神秘。其实这些并没有什么神秘之处，最常见的化学物质是碳酸钙，由碳酸钙构成的方解石是一种全透明或者稍微不透明的矿物，洞壁渗出来的水中含有杂质，这种矿物正是这些杂质沉淀形成的。这些沉淀刚开始还只像是乳头大小，之后越来越大，成为完整的空心管子，最后变成一片片"森林"。除了洞顶上方形成沉积，这些渗出来的水滴到地下，同样也会形成沉积"泉华"[1]，最终使上边管子和下边的柱子连接在一起。从上自下

---

[1] 泉华，天然水都是有杂质的，这些杂志堆积形成的产物就是泉华。——译者注

增长的叫作钟乳石[1]，而从下自上生长的叫作石笋（图3）。

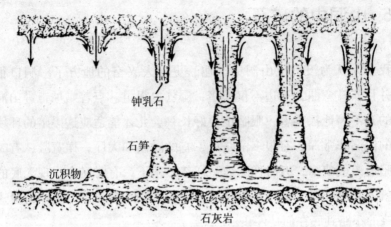

图 3　上边的钟乳石向下生长，下边的钟乳石向上生长，最终连在一起

　　这些东西都有各自的区别，某些地方像是静止的瀑布，某些地方却像新栽的树林，或者一大片花园。碳酸钙形成的晶体可以有非常多的形态，几乎是数不清的，所以这些有碳酸钙沉积物的山洞形态也都是各异的。正是因为这个原因，大部分新手矿物学家来到这里时会发现每个地方都特别的奇怪，什么地方都看不明白。

　　我们知道山洞的形态是由地下水在山洞洞顶以及洞壁的流向来决定的，但我们不见得会知道某地的石灰岩是如何融进水里的，以及它们又是如何在另一个地方沉淀、析出的，某些时候，我们只能看到碳酸钙的沉积物越来越多而已，比如在彼得宫城的地下室和彼得格勒基洛夫桥底。前者的大钟乳石是10年之内生成的，颜色雪白，高约1米，后者的小钟乳石都是从石灰水中生成，每次车一经过，它们就会晃动。

　　在城市中，沉淀过程偶尔会进行得非常快，但在大自然中，这个过程需要非常长的时间，比如成千上万年。当经过这漫长的岁月后，山洞的底部才会出现那些我们看到的碳酸钙钟乳石。

　　当然，山洞中也并非只有碳酸钙这一种构成矿物的物质，中亚的一个山洞中不仅有方解石，还有非常沉重的重晶石，混杂在一起分布在整

---

[1]　钟乳石一般都呈管子状，并且先从根部生长，非常有趣。

个洞壁。这些重晶石形态各不相同，一串串的也有，房檐一样一排排的也有，或者干脆就是一大颗发亮的晶体。在电石气灯的照射下，我们可以发现某些地方的重晶石已经连成了片，在洞壁上形成了大块的沉积物，推测约有几十吨重。除了这些可见的重晶石，还有一个被称为禁采区的地方，这里重晶石的分布非常奇特，所以才不允许开采，毕竟世界上目前还没有和这里情况相同的山洞。

有一些山洞沉积着岩盐，同样非常有趣。这些山洞无一例外都很大，非常容易被水冲刷侵蚀，自然，也就非常容易从水中析出漂亮的矿物，大部分是一些细小的"管子"或是"帷幕"，和方解石形成的矿物形状差不多。

某些时候岩盐的结晶非常缓慢，这种情况下，水中就会生成玻璃状的透明盐晶体，在洞壁上闪闪发光。除此之外，还有可能直接生成巨大的块状岩盐，是非常理想的规则正方体，边长一米或以上，并且一样如玻璃般透明。这样的巨大晶体在墨西哥的一个山洞中就有，只是这里的晶体是石膏，其形状也不是规则立方体，而是像长矛或者巨大的针而已。在这个山洞中，石膏沉积物呈簇状或是树林状聚集，同样是非常大块，并且透明，就像是玻璃仿制出来的巨人武器。

不过石膏并非只有上边所说的形态，它还会形成类似雪白花朵、苔藓或是绒毛之类的形态。

如果到乌拉尔西部的孔古尔山洞去探险，那么你又会观察到完全不同的矿物形态：石膏如同白色冰块一般散发着光芒，反射出不同的颜色。我曾经去这个山洞探险过，在几个敞厅中看到了手掌大小的六瓣花朵，看起来似乎是用冰制作成的，看到的一切都很难用语言来形容。和这里的一片白色和透明相反，绍林吉亚的山洞中经常能看到蓝绿色和红色的矿物，只要在这个山洞中打开手电，本来黑色的洞壁就会呈现出多种颜色。这些发出鲜艳颜色的正是磷酸盐，其生成的矿物有很多都是极其稀有的。上边所说的这些山洞其实都是废弃矿坑，300年来也没什么动静，但是现在再次被发掘，变成了如同童话一般的美丽山洞，很多游客都慕名前来参观（图4）。

图4　1906年版《基础化学》中的钟乳石

　　在北美洲同样有几个大山洞，其中一个的某个位置甚至能够装下以撒大教堂，地下通路和敞厅一共有四十多个千米长，而这些奇奇怪怪的山洞里的各种矿物还能够讲出很多。

矿物学中，山洞并没有被人叙述过，所以，如果有人能够将山洞中的泉华和沉积物作图，研究清楚并加以解释，那一定是对科学的巨大贡献。当然，进入山洞后一定要对山洞的环境进行保护，不要像那些不明事理的观察者那样将钟乳石折断或者随意刻字，因为这样会使山洞失去原有的样貌和研究的价值，会给山洞造成无法挽回的损伤。其实这种情况非常多，是我们无论如何都要尽力避免的。

6. 湖底、沼泽底和海底的矿石

矿石并非只在山里和采石场里有，在湖底、沼泽底和海底同样有。当然，如果是那种非常坚硬并且大块的矿石，这些地方可能就没有了，不过，如果不管生成条件的不同而将非生物界的每一个部分都视为矿物或者其衍生物，那么这些地方就能够找到想要的东西了，矿物学家同样能够找到自己中意的收藏品。

某一次，我乘着火车来到了莫斯科的近郊，看到原本是沼泽地的地方开始挖沟了，挖过的地方都闪着蓝色光芒。这些蓝色的土壤被人们用铲子扬起，弄得周围也全是蓝色。当时我在火车到站之后就立即跑下车去那个地方，正是要去看一看那种稀奇的矿物。到了沼泽地后我发现这里遍地都是植物，它们死掉之后就会变成一条褐色的毯子，也就是泥炭，而这些泥炭中间夹杂着泛着蓝光的土壤，里边有一些蓝色的石块。我在离开的时候带了不少这种石块，回去研究了之后才发现这种矿物名叫蓝铁矿，主要成分是磷酸铁，是动植物的尸体腐烂后生成的，这个过程是我们能够看到的。当它们堆积过度的时候，这些泥潭就成了宝贵的燃料，而蓝铁矿则是良好的染料或者肥料。

在这里，我们可以亲眼看到矿物的生成过程。每年春天，这里的水位都要上涨，大量的水流入湖泊和海洋。这些水中除了有机物，还有很多富含铁和其他金属的物质，这些物质像水垢一样沉积在湖底，呈现出黑褐色。它将水底的岩石、植物动物之类的东西都覆盖了起来，并且越积越厚。几百年之内，一个黑点那么大的东西就会变成豌豆大小，卡累利阿北部湖泊的湖底就有很多这样的"豌豆"。之后，含铁的沉积物在微生物的作用下越积越多，溶解的铁也就逐渐堆积变成了铁矿层。

如果这些铁矿曾是位于海洋的底部，那么它们就会更加奇特。芬兰海、白海以及北冰洋都有这样的地带，渔船用渔网打捞海底的东西时时常能够捞到大小如同手掌的铁沉积物，这就是所谓的"结核"或者"结核体"。这种物质呈扁平状，分布在小石块和石块碎屑周围，并且非常密集。有的像烧饼大小，有的却只有铜币大小。正是这些"结核"，苏联的研究人员才将这里称为"世界上最奇特的铁矿山"。

最近科学家们开始关注海底了，海底的矿物种类非常多，都沉积在那些淤泥或者较为坚硬的地带之中。当然，除了那些金属，动物死亡后的骨头以及贝壳同样会沉在海底，有机物也会逐渐变成奇怪的石头，在鱼类容易大片死亡的地方，比如寒暖洋流的交汇处就是这样的情况。

除了这种方式，放射虫的棘针以及贝壳等都会堆积形成石头，只不过这个过程非常缓慢。这整个过程一刻不停地持续，最后在地球上就会多出许多没有生命的生成物。

7. 沙漠中的矿石

我们也许住腻了城市，看腻了城市中的高楼林立，于是我们打算到远一些的地方换换心情，比如去荒凉的沙漠待上几个月。这期间，我们既能放松身心，又能去看一看沙漠中的矿物们，顺便再研究一下沙漠生成的规律及其历史。

当然，这并不是说走就走的，为了进入沙漠，我们必须做好充足的准备工作。当做好了准备工作之后，我们就可以从土库曼斯坦的盖奥克—捷佩村向卡拉库姆沙漠进发了。

这个村子距离沙漠很近，仅仅过了几个小时，我们就已经来到了沙漠的边缘。沙嘴已经突入到了麦田中，让这里灌溉用的水都变得有些浑浊。这个沙漠的深处有一条隧道，可以通向伊朗，它吸收了土壤深处的水分，并将这些水分带到了沙漠地区的边界。

我们在沙漠中待了有一段时间，队伍每小时前进约3.5千米。有一条非常著名的道路是从伊朗到花剌子模[1]的，一头认路的骆驼走在队伍的前面，带着我们顺着这条道路前进。我们都骑在马上，但向导是徒步，虽然他本该骑骆驼的，但是每个骆驼都驮了大约200千克的物品，根本没有力气再去带他，于是他也只能步行了。

白天的阳光将人们都晒热了，但到了夜晚依然非常寒冷。白天的沙子可以达到30℃，在晚上却降到了零摄氏度以下，温度大概是-8℃ ~ -7℃。不仅如此，这里一天内的天气也是非常复杂，这一刻是刺骨的寒风，下一刻就可能下起大雪；这一刻是和煦的光线，下一刻可能就是炽热的烈阳，在沙漠的第一个星期，我们就已经经历了很多次这样的巨大变化。适应这种环境变化并不容易，不过这个难题还是被我们克服了。

白天，我们大概能够前进30千米左右，在休息的时候就已经非常疲惫了，于是我们就长时间坐在篝火旁边取暖，因为夜晚只能睡在寒冷的帐篷中。虽然这里地处沙漠，但燃烧用的柴火还是很多的，比如沙木和盐木，这些都是中亚地区特有的树种。这些树木并不在少数，我们在一次烤火时还差点引发沙漠中的"森林大火"。

沙地的形态也并非单调，有时是长长的斜坡，有时是驼峰一般的沙丘，偶尔还会形成月牙状的沙丘和"山脊"。灰黄色的沙地非常难以逾越，我们费了好大的劲才通过这如同带子和山峰般的地带，并一直向北走。我们可以明显察觉到，越往北走，沙漠里的沙粒就越大，颜色也变成了黑色，这是我们之前都没有见识过的景象。向导说这沙漠名为"卡

---

[1] 花剌子模，中亚地区的古国，位于今乌兹别克斯坦和土库曼斯坦。

拉库姆[1]"，也就是"可怕的沙漠"的意思，这倒是非常贴切。

当然，这种可怕的地带并非覆盖了我们的全部路程，我们偶尔也会遇到平坦的秃干地和盐沙地，只是这种地带仅仅持续几千米左右罢了。秃干地的表面覆盖着一层红色的黏土质，非常坚硬，马蹄踩在上边甚至会发出响声。而盐沙地则正相反，看上去似乎和盐沼地没什么区别，非常黏稠并且柔软。在沙漠中，水分是必不可少的，一些干地上会有水井，这是我们在沙漠中生存的保障。

继续走了约有十天，我们才发现了一些和往常不一样的东西。在满是沙子的地方，突然多出了一些山岳和悬崖，看上去似乎也是由沙子构成的。在这种条件下，我们早已经失去了判断物体大小的能力，这些山岳和悬崖在我们看来非常大，其后边是一条沙带，可以用望远镜观察出来，不过非常模糊。我们得知，这沙带正是外温古兹高原的边缘地带，而我们要去探访的温古兹就在这条沙带的那一边。

这难走的沙地持续了约30千米，直到太阳落下地平线，我们才穿过这一段沙地，来到了新的盐沙地。这片盐沙地中间是契麦尔利沙丘，其他地方也有很多凸起的小丘陵。这中间的契麦尔利沙丘看起来非常陡峭，让人担心无法爬上去。不过，沙丘的底部有一个非常漂亮的悬崖，是被风吹成这样的。除此之外，在盐沙地上还有一些土库曼斯坦人为了采掘磨石而挖掘的洞穴。

第二日，天一亮我们就马上向着契麦尔利出发了，我们非常想看看那里的沙地中有什么样的矿石，于是就开始爬沙丘。斜坡上，那些沙石块和燧石都显现出了多种颜色，看上去非常鲜艳。我们顺着悬崖继续向上，来到了一个地面颇为柔软的小山顶，整个山顶都是由硫黄石构成的。这个富源让我们非常兴奋，每人都捡了不少矿石。经过这件事，我们开始相信卡拉库姆沙漠盛产硫黄这个传言了，这里的确是个硫黄的富源。

---

[1] 卡拉库姆沙漠，位于今土库曼斯坦共和国境内，面积约为35万平方千米。北邻咸海，西邻里海，东北紧靠克孜勒库姆沙漠，东南紧靠阿姆河。这个沙漠上人口数量稀少，平均每6.5平方千米的广大土地上只有1个人。

我们在山顶上还发现了一些黄色的硫黄巢，似乎人们已经来过这里挖过硫黄了，并且不止一次——我们能够看到在这些地方有很多被挖下去的洞穴。我们观察了一下这里的矿石，发现矿石的外层包裹着石膏和燧石，这一层包裹物的成因让人不解，于是我们打算研究一下。与此同时，和我们一起上来的人们已经在着手进行测绘了，将这里的地形画成平面图。

站在山顶上向四周眺望，眼睛看到的虽然并非全是沙丘，但已经是大部分了。将视线放到近处，周围的环境类似法国中部的火山，还类似月球的环形山，还有类似断崖的，一些大大小小的沙丘将这里围了起来，比比皆是。除了沙丘，就是那些黑色的盐沙地以及浅红色的秃干地，沙漠中的沙子在秃干地四周环绕，就像是它的花边一般。将视线向外延伸，继续向东北方向眺望，可以看到一大片新的沙丘，其中有一些是盛产"皂石[1]"的"金格利"，还有一些和希赫人[2]联系起来的"托普—秋尔巴"。

这一天的行程非常辛苦，但是我们并不觉得难过，因为我们收集了大量的矿石素材。当地的朋友非常热情地帮我们将矿石素材运回了帐篷，并且帮助我们将它们——打包。

我们要走的路还很长，最终目的地并不是这里，而是卡拉库姆的中心。于是我们再次动身，一路上经过了很多人类居住所留下的痕迹，比如一些炉灶或是帐篷之类，这些东西都表明已经有人为了找到硫黄而先我们一步甚至几步来到了这里探险。

过了一段时间，我们来到了一个被白色沙子包裹的山丘旁边。这个山丘已经被发掘并开采过了，开采面上能看到几乎是纯净的硫黄，呈现出亮眼的鲜黄色。这个山丘并不算小，我们粗略估计了一下，这里边蕴藏的硫黄矿大概能有几十万吨之多。除了鲜黄色，我们还能看到一些琥珀色，这是大块的硫黄晶体颗粒，被山顶的石膏燧石层包裹着。

在我们离开这座山丘时欣赏到了外翁古兹高原的景色，在高原上，

---

[1] 皂石，一种滑石。——译者注
[2] 希赫人，土库曼斯坦的一个民族。——译者注

有许多被风吹过后形成的凹地，在这里，我们和好客的希赫人一同举办了盛大的晚会，并且听到了他们所讲的当地故事。这个时候我们才发现，他们从前想找到一口合适的水井是多么不容易。

上边的这些就是我们在1925年在卡拉库姆的第一次探险的经过，之后我们又去了第二次、第三次，这里就不过多表述了。现在的卡拉库姆沙漠已经被开发得很好了，很多硫黄工厂也已经开工，生产也十分顺利。不仅如此，这里还多了一些科学站、气象台、学校和医院等，算是半个城市了。现在到这里来已经不需要像我们第一次那样骑骆驼了，因为这里早已经通车，并且还有固定的航班。

8. 耕地和田野中的矿石

我们虽然在大海的底部找到了矿石，但是在田间地头总不会再找到了吧？这些地方的石头通常会被认为是碍事的东西，一般都会被清除出去。如果一个农场的人在地里发现了石头的碎片，他肯定会将它们聚集在两块地的中间部分，或者挪出去用来盖房子。但我想说的是，其实田地里的土壤也是由石头化成的，其本身就是非生物界一个有趣的组成部分，并且还非常复杂。

当你去过很多地方后，就会发现各地的土壤并非是一模一样的，不管是形状还是颜色，都会有差别，有的还相去甚远。河岸上的土壤正是如此，分层清晰可见，每一层土壤都有不同的颜色。

我依稀记得，我在小的时候曾经有过一次旅行。从俄国北部一直到希腊，沿途的风景大不相同：乌克兰的南部草原土壤是黑色的，克里木和敖德萨的土壤是褐色的；继续前进后，我发现博斯普鲁斯海峡以南伊斯坦布尔附近的土壤是栗红色；最后到达终点希腊时，土壤已经变得鲜红了，那些石灰岩被衬托得非常白，看得非常清楚。

这些事我都记忆犹新。

最初，土壤究竟怎样并没有人去关心，按照当时的普遍看法，土壤只不过是地表的浮土而已。后来，是俄国著名的土壤学家道库恰耶夫教授第一个注意到了这个之前无人问津的东西，并且去研究它，比如其成分和历史等。苏联科学院有一座土壤博物馆，里边有和自然中的土壤一样的分层土壤标本。如果将土壤切开观察，你会发现土壤的类别用肉眼是根本分辨不出来的，种类也非常多。土壤里有很多矿物颗粒，这些矿物颗粒用肉眼根本看不出来，就算是用显微镜都不一定能看得清。但是，颗粒再小也是矿物，只不过这些矿物的历史非常奇特罢了。

土壤的前身就是岩石，这些岩石经过太阳的暴晒，变得非常容易崩坏掉，然后在因吸收了二氧化碳而变为酸性的雨水冲刷以及空气的腐蚀下，其结构彻底破坏。这个过程的快慢是和温度有关的，北极地区的温度低，这个过程就进行得缓慢，土壤的生成自然也非常缓慢。但是南方的沙漠地带就不一样了，白天沙漠地带的温度非常高，就连水的温度都能达到80℃，足以煮熟鸡蛋。在这种条件下，岩石就很容易被破坏掉，土壤的生成自然也快。但是，细小的颗粒都被风吹走了，剩下的大颗粒就是沙子了。这些小颗粒被吹到了中纬度地区，这里的土壤一般都非常厚实，有些地方可能都不止一两米，某些地方甚至能够到几十米或是上百米。

但是，土壤可并非百分百是岩石的颗粒，它的组成成分远比这些复杂得多，它受到昼夜温差、季节变化等等许多因素的影响，并且很多动植物的生死循环都离不开土壤，所以土壤并无法和生物隔绝开来，它仿佛是有生命的东西，里边不仅有动植物，还有微生物，1克土壤虽然少，却含有几十万个甚至更多的微生物，只是随着土壤深度的增加，生物的数量也会急剧减少，到1米以下的时候，基本上就不会再有什么活着的生物了。

啮齿类动物、蚂蚁、甲虫、蚯蚓，甚至一些蜗牛等都生活在土壤中，它们中的某些会吃掉土壤，然后让土壤通过身体后回到地里。其实，每一公顷土壤中，一年内就有20～25吨的土壤通过蚯蚓的消化器。在马达加斯加的土壤中，有一种名叫"食土虫"的蠕虫每年都要吃掉几

10亿立方米的土壤，这并不是一个小数字。

自然，在它们吃掉土壤之后，其中的矿物成分也会随之发生一些变化。

某些地区的土壤100年内就能翻一个遍，这正是蚂蚁的功劳，当然，热带地区的白蚁就更加厉害了。

植物体的某些部分在凋零时都会进入土壤，降解等过程都是在土壤中进行的，这些过程依赖土壤，最后又成全了土壤。由此看出，土壤的历史并非我们想象的那么简单，非生物界的无机物和生物界的有机体在土壤中交错在了一起。

矿物学家自然不会将自然界强制分成若干部分，然后分别研究。在我们看来，自然界的关系错综复杂，是一个不可分割的整体，当然也包括人类本身的行为。我们认为，这些矿物仅仅只是整个地球变化以及历史的一小部分而已。

9. 橱窗中的矿石

我很喜欢在橱窗前观察里边展示的宝石，当我看到它们在灯光下显出五花八门的颜色时，我总会忘记它们那极高的身价以及得到它们需要付出的代价。我并不打算去想宝石背后的那些历史，我只打算认识认识它的历史以及这段历史揭露出的地球秘密。

这个橱窗中是一些钻石项链，其上的钻石就像水滴一样清澈透明，唯一和水有区别的地方就是，它会散发出一些非常有趣的色彩。这种宝石的产地是印度、非洲的沙漠以及巴西的热带雨林，这些地方无一例外都是十分炎热的，这些宝石却稍微透出一丝寒意。

看着这个橱窗，我不由得就会想起南非洲的金刚石矿场以及那些巨大的管状体，它们都是深不可测的黑色岩石构成。凯弗人[1]被当成奴隶在那里劳动着，将石头从地下挖上来，然后放到吊车上运往地面。运到地面上之后，又会装车，然后送到加工厂中加工。加工时，先将石块经过挑选，然后冲洗干净，用带油的传送带运送到一个建筑物内，这些洗干净的金刚石在阳光的照射下闪闪发亮。

当然，工厂中不可能只有传送带，陪伴着它的，不仅有疲惫的工人以及工厂里的建筑，还有南非洲的强烈阳光。当金刚石穿过被工人和阳光环绕的传送带，就会来到刚才提过的建筑物内。在这个里边，这些金刚石将被分类，然后被分别放置在一起。一些金刚石是准备再次加工的，它们都是纯净无色的大颗晶体；当然，还有一些黄色、玫瑰色或是绿色的金刚石，它们被放在了别的地方。除了以颜色分类外，切玻璃用的、镶边用的金刚石也被分离了出来，还有一些双晶金刚石，同样也被分了出来。

这里的金刚石年产量非常巨大，几乎到处都是。这些经过最后加工的金刚石将会被运往伦敦、巴黎、安特卫普、纽约、阿姆斯特丹以及法兰克福等地，最后被销往世界各地。

＊　　　　＊　　　　＊

我又在橱窗中看到一枚镶嵌着红宝石的戒指，这颗宝石不出意外地散发着红光，但是由于橱窗的阻隔，我并不知道它到底是什么矿物。

不过，虽然我不能了解它的具体情况，但是这种红色的宝石一般都是来源于东方，比如泰国、缅甸和印度。苏联最引以为豪的是绿宝石和蓝宝石，比如祖母绿、石榴石以及海蓝石，等等，而这些在东方国家基本是见不到的。东方国家出产的宝石是鲜艳的，比如如同火焰一般燃烧着的红宝石，整个自然界中，其他地方的红宝石种类都是不及东方的，东方有玫瑰色电气石，泰国产的血红色红宝石，缅甸产的纯净血色红宝石，印度产的樱桃红色石榴石以及红褐色光玉髓等。在东方，红宝石的颜色都交织在了一起。

---

[1] 凯弗人是南部非洲的一个民族。——译者注

印度民间曾经有过这么一段传说：

亚述大神旺盛的元气被南边的阳光带了过来，它们在这里形成了宝石。兰卡的统治神和亚述大神有世仇，于是便呼唤暴风雨袭击亚述大神……亚述大神的血汇进了河流、深水，以及棕榈树的林子中。这一件事之后，这条河就被称作拉瓦那干嘎河，亚述大神的血液也化作了红宝石。这些红宝石每到夜晚就会发出非常奇特的火焰，透过火焰去看，可以看到各个地方的水。

印度的神话用优美的语言描写了美丽的红宝石，我们并无法知道这些神话是从什么时候流传下来的，但也许是6世纪前后。

看着橱窗中的红宝石，我又想起了我的某次巴黎之旅。

在巴黎附近有一个人烟稀少的小镇，在一条安静的街道旁，伫立着一间简陋的实验室。这间实验室非常小，里边的温度很高，空气湿度很大。在实验室的桌子上摆着一些圆形的实验用具，上边有一些蓝色小孔。一位化学家透过这些小孔注视着炉子中的动静，操控着火焰的大小，调节着炉中气体和白色粉末的相对含量。过了约有五六个小时，他才将炉火熄灭，从炉子中用一根细棍种将透明的红宝石取下。这种红宝石非常易碎，再取下来的时候可能就会坏掉。不过，如果有没坏掉的，就会被送到珠宝商那里。

这间实验室虽然简陋，却很有名，叫亚历山大实验室，是制作人造红宝石的。人们从大自然那里学到了知识，于是开始自己生产红宝石，产物和天然的一样，都很漂亮，难以辨别。这些人造红宝石经由珠宝商流入市场，成了缅甸天然红宝石的最大竞争对手。

*　　　　*　　　　*

我看到了一枚放在橱窗中的胸针，这枚胸针同样极其名贵，除了镶着很多钻石外，它的中间还有一粒祖母绿，闪烁着和周围钻石不同的绿色光芒。

我想，祖母绿一定是绿宝石中最漂亮、最尊贵的了，赞美它的民间诗歌数不胜数，提到它的神话传说不胜枚举，并且都认为它有神奇的力量。

下面就是几个关于祖母绿的传说。

这一则是印度流传下来的神话，它将人天马行空般的想象力展现得淋漓尽致：

龙王瓦苏基带着达纳瓦人神明的胆汁，冲向天空，将天空撕裂成了两片，他的影子像一条非常粗的银色带子，头部映在闪着强光的海面上。

迦楼达迎着龙王飞过来，张开双翼嘶吼着，阴影覆盖了几乎整片天空和大地。英德拉龙见它飞过来，马上将胆汁吐到了地面的统治者，也就是山麓上。胆汁经过的地方，吐鲁树的汁液开始散发出香气，小荷也开始开出清香的荷花，密密麻麻的。胆汁就这么从地面流到远方，一直流到了野蛮人的聚集地，之后又这么流淌着，流到沙漠边缘，流到海岸附近，凡是胆汁流过的地方就会生成祖母绿矿。

迦楼达丢弃了一部分地上流淌的胆汁飞走了，然而他越飞越感觉这胆汁越来越沉，最后不得已，又将它丢回到了山中，形成了祖母绿。这种宝石的颜色有点儿类似鹦鹉崽、小草、水苔、铁、孔雀尾羽等。

这个诗意的神话正是描写了祖母绿的传奇诞生，不过它对祖母绿的讲解并非到此结束，在这一段的后边说出了它的一些其他特点，其中有五个优点，七个缺点，八种色彩，十二种价格。神话中提到："这座山只有魔术师凭运气才能找到，如果人没有福气，是找不到它的。"

除了这个神话，其他作者也有过对祖母绿的描写，比如库普林和王尔德等。

我的爱人，请你将这枚祖母绿戒指一直戴在手上，因为他是以色列国王所罗门最心爱的宝石。祖母绿通体碧绿，纯洁柔和，赏心悦目，就如同春天刚发芽的小草。只需要多看它几眼，就会心情舒畅，每天早晨看它一眼，一整天都会轻松愉快。不仅如此，我还要将它挂在你的床头，让它驱散你的噩梦，帮你镇定心境，消除烦恼。如果带着祖母绿，蛇和蝎子就会主动地远离。

这是所罗门说给苏拉米发的话，可见，东方关于祖母绿的传说已经和哈尔德人[1]以及阿拉伯人"祖母绿可以治病"的迷信交织在了一起。

罗马的著名科学家老普林尼也曾描写过祖母绿，他的语言非常简练整洁。我们在阅读俄国科学院院士、矿物学家谢维尔金的译文资料时就能够清楚地知道这位罗马科学家对祖母绿的看法了：

如果比较优点，那么祖母绿在矿石中占第三位，仅次于金刚石和珍珠。当然，这并非猜测，而是有事实根据的。绿色是令人舒服的颜色，看其他宝石都不如祖母绿的颜色舒服。虽然小草和树叶同样很漂亮，但是我们肯定更喜欢祖母绿，只要和它相比，其他的绿色物体都会显得不绿了……祖母绿的绿色甚至能够照亮周围的空气，也将它们染成绿色。祖母绿在阳光下，灯光下或是阴暗处，颜色都不会变化，总是那么美丽，总是那么光彩照人。虽然它非常厚重，但是依然清澈……

老普林尼的描写是非常实际的，但在他的这些叙述中，也同样有着幻想和诗意。

*　　　*　　　*

我又在另一个橱窗中发现了一枚胸针，这枚胸针和上一枚不同，上边镶嵌着绿色的软玉、鲜蓝色的青金石以及苏联乌拉尔地区产出的碧石。

青金石有很多种，鲜蓝色的像能让你的眼睛感到发热的蓝色火焰，淡蓝色的像土耳其玉，还有一些是全蓝的。除了这些纯色，还有一些带有灰蓝色或是白色斑点的，这些斑点形成了颇为美丽的花纹。

---

[1] 哈尔德人，小亚细亚的一个民族。——译者注

青金石的产地是阿富汗以及已经入云的帕米尔高原，其花样也是多种多样：有些类似黄铁矿，上边分布着斑点，就像是夜空中的星辰一般；还有一些除了斑点外还有白色的带状花纹。除了上边提到的这两个青金石产地，贝加尔湖边的萨彦岭支脉同样有青金石产出，暗绿色到深红色都有。阿拉伯人知道，如果用火去烧青金石，就会将它们变成暗蓝色。

只有10天都不会脱离本色的青金石才是最可贵的青金石。

——17世纪亚美尼亚人的抄本上如是说。

橱窗中还有一块颜色比较暗的软玉，镶嵌在金边框中，它们的颜色很协调，并没有多少突兀感。当我看到它的时候，我再次想起了东方的神话。

神圣的玉河河水从昆仑山顶向下流淌，经过了城池后在山麓一分为三，其中之一名为白玉河，另一名为绿玉河，还有一名为乌玉河。在阴历的五六月份，河水就会暴涨并且漫过河岸，那些从山顶带下来的玉石便可以在水退去之后去收集。当然，和田国王挑选完毕之前，百姓是不能去河边的。

除了这一段，这位历史学家同样引用了一些民间传说，说软玉像少女一样美丽，并且在阴历二月时昆仑山上的草木都会发光，这些光就代表着河里已经出现了玉石。

以前的中国人会将和田叫作于阗（玉田），就是因为这个原因，当时，中国的皇帝们经常派使臣来这里索要玉石。

叶尔羌河位于中亚，这条河流的上游地区同样盛产软玉，每年要给皇帝进贡5吨多的软玉。中国的皇帝曾在这里找到一块非常大的软玉，并制作成了软玉床，不过，由于皇太子在软玉床上睡觉却得了病，于是皇帝便禁止在这里开采软玉了。正是因为这个禁令，叶尔羌河上游的地方遭受到了非常严厉的处罚：荒凉的河谷被用链子圈了起来，居民不得去那里开采绿色软玉，不仅如此，就连已经开采下来，正在运往北京的软玉也不要了，就那么丢弃了。这个事件之后，软玉就只能在河里去捞了，比如叶尔羌河以及田河。中国古代的文学家记载了捞玉的过程和方法：士兵站在偶尔能够齐腰的河水中拦截从上游下来的软玉块，之后将软玉块扔到岸上。他们在河里摸索着，因为软玉块表面非常光滑，所以很容易辨识。

和田产出的软玉将通过官道运到北京，每到一个驿站就要按照当时的习俗进行迎送仪式，并且这些软玉还有专门的大臣看管着，看起来，这运送软玉是中国古代的一件大事了。运到中国的软玉一般都保留着原样，不过也有一些在和田当地就已经被雕琢过的艺术品。

＊　　　　＊　　　　＊

看过了两枚胸针，我又在橱窗中看到了一些碧石，它们引起了我的注意。碧石制品五颜六色，我看了也不免感到惊奇。

在我们的记忆中，恐怕没有什么矿石能够比碧石的颜色更加多样了，在碧石上不仅能看到纯蓝色，还能看到其他的任何种类颜色，这些颜色经常混杂在一起，形成非常奇怪的花纹。碧石中最常见的颜色就是红色和绿色，不过同样也有黑、黄、褐、橙、灰紫、淡蓝绿等颜色混杂其中。大部分碧石是不透明的，只有少数变种能够透光，能够看到石头更深一点的地方并且呈现出柔和的色调，像是天鹅绒一般。当然，这种不透明的石头之所以能够成为装饰品，就是因为多变的颜色。

一些碧石是纯色的，比如从乌拉尔南部卡尔坎地区出产的钢灰色碧石。但是，我们看过其他的混合色碧石后就会非常惊奇，颜色非常复杂地混在了一起，形成了各种奇怪的画面，有条形的，被称作带状碧石，上边有互相交错的暗红色、墨绿色以及鲜绿色的带状条纹。除了带状碧石之外，还有颜色分布不规则的碧石，比如波浪、波纹、颗粒、斑点、角砾[1]等等形状，大多数情况下，这些形状并非单单出现，在一块碧石上

---

[1] 角砾状，意为"似乎有棱角"。——译者注

一般会出现很多种复杂的形状，就像是五颜六色的毯子，或者像是抽象画上的线条。

乌拉尔南部奥尔斯克的近郊有一处非常出名的碧石产地，我们可以在这个产地出产的碧石上找到非常多种的花纹。

有一块碧石上边的花纹非常美丽，像是大海和浪花一样。一片黑色的乌云试图挡住夕阳，但是太阳光仍然透过黑云照射了过来。如果在这幅画面上画一只海鸥，就足以让人联想到海上的风暴了。

还有一块碧石上边的花纹大多是红的，非常复杂地糅在了一起，看上去就像是有一个人正在烈火中奔跑，他的影子被他远远甩在身后。在这个非常惊险的时刻，他的影子非常明显。

另外一块碧石上的花纹则描绘出了一幅晚秋的景象，其中有没有了叶子的树木，白色的第一场雪，干枯的草坪以及落在水上的树叶。这些树叶落在了水面上，在平静的水中溅起点点涟漪……

这种非常美妙又奇特的花纹，其种类是说不完的，如果是一个雕刻石头的有经验的艺术家，就能够发现石头花纹中蕴含的美妙景色。如果将树枝或是天空刻在这些石头上，那么这块石头的花纹就会将自然界的美景描绘出来。

我记得，我和一些人曾经在1935年的秋天去乌拉尔南部的碧石产地参观，和工作人员乘着两辆汽车去奥尔斯克、库希库尔德以及卡尔坎。这一次的经历非常有趣，下边这段就是矿物学家克雷热诺夫斯基的旅行记述：

我们绕过了一个养马场后便来到了奥尔城城郊，并且登上了波尔科夫尼克山。在爬了一阵之后，我们终于看到了碧石的出产点以及火成岩的露头[1]，然后就是几个比较大的碧石开采面，这里正有很多碧石正准备运送到别处。之后我们继续前进，美丽的风景让我们非常开心。到最后，我们终于亲眼看到了这里最了不起的碧石产点，可想而知我们的心

---

[1] 露头即指石头露在地面上的部分。——译者注

情有多激动。在我们看到碧石的时候，就在想它是如何形成这样五颜六色的花纹的，并且我们很疑惑为什么没有人来研究它。当然，不只是研究，就连产地等一些其他的属性都没有人特意去调查记录。现在我十分肯定，碧石是非常需要研究的，这里出产的碧石并非仅仅是重要的矿物和岩石而已，还是上乘的细工材料，它的这种特性和用途是世界公认的，现在正处于建设阶段的苏联就更需要它了。对莫斯科市来说，市内的每一座宫殿、图书馆和博物馆都需要非常多的碧石来建造艺术品、锡工艺品以及装饰。

在这里，我们发现了一块非常有趣的碧石，不过，正当我们细细观察它的时候，听到有人正在向我们打招呼。我们顺着声音看过去，发现是一个个子并不算很高的男人，他穿着一身工作服，慌慌张张地走了过来。于是我向着他走了过去，打算看看他要说些什么。不过当我走到他跟前才发现，这个人正是我们的朋友谢米宁，是一个非常喜欢石头且非常喜欢研究石头的乌拉尔人。他见到我们后，脸上的慌张神色才慢慢消失，开始笑了起来，并向我们一一问候。他说，他并没有想到我们会来他的这个"俄罗斯宝石公司"的碧石开采地参观。寒暄过后，他带着我们去看已经被分好类的碧石。那个地方的碧石确实非常好看，最大的石块大概有几百公斤重，上边的花纹也是颜色多样条理丰富。这些美丽的碧石都是制作胸针、盒子以及其他细工产品的原料，并且这些细工产品都是要出口的。

谢米宁诚挚地邀请我们在"奥尔斯克碧石"这里喝茶，并邀请我们在这里过夜，等来日的早晨再离开。不过，我们必须今晚就回奥尔斯克，所以我们就在月亮的照耀下离开了。

几天后，我们再次出发，踏上了金黄色的道路，坐着汽车沿着乌拉尔山前进，来到了又一个碧石的产地。我们观察着每一个露头，一旦发现有趣的地方，我们就停下去观察一番。就这样一路前进，我们终于是抵达了纳乌鲁佐瓦村，见到了缟碧石。我们今天的任务就是要去见一见"库希库尔德"碧石，这种碧石是一种浅红褐色和浅灰绿色混杂在一起的带状碧石，非常美丽。设立在彼得格勒的国立艾尔米塔日博物馆中收藏了一个花瓶和一根壁炉旁边的柱子，这个花瓶和柱子都是用这种"库希库尔德"碧石制作的。

我们将汽车停在纳乌鲁佐瓦村后便去打听这种碧石，但是当地的巴什基尔人都没有听说过"库希库尔德"这个名字。我们在当地的一位教师家中喝茶，这位教师并没听说过，不仅如此，"老先生"也同样没听说过。事实上，整个村子的碧石产地都已经发现了，然而他们却不知道"库希库尔德"这个名字，真的非常奇怪。不过，对于这件事，听说还有另一种说法：纳乌鲁佐瓦村在100~150年前曾经叫作库希库尔德村，这就意味着这个名字已经不再使用了，所以现在的人都已经不记得"库希库尔德"这个名字了。

我们在这里找到了已经废弃的碧石开采点，发现了一些裸露在地表的带状碧石，它们上边的花纹非常宽，层次分明，费尔斯曼院士还给它们拍了照。

大致观察了一下碧石的开采面之后，我们开着车继续向北行进，一路来到了卡尔坎湖的边缘。我们从远处看到了如同大镜子一般的湖面，白色的风车，还有卡尔坎—塔乌山。这个湖之前的时候就已经被开发过，边上的很多地方都采过菱镁矿和铬铁矿。之后，采矿的地点转移到了哈里洛沃，这个地方拥有更多的菱镁矿和铬铁矿，不过，有资历的矿物收藏者一般都知道卡尔坎湖。

这一次，我们来到这里有一个目的，打算看一下灰色碧石和它的产地。

彼得宫和叶卡捷琳堡的大型工厂在一百多年前来这里寻找原料，用这些碧石制造花瓶等用品，因为这里的碧石原料质地非常好，可以雕刻成精美的物品，人们见了都喜欢。从19世纪流传下来的巨匠作品无一例外都是杰作，这些碧石制品的每一件都非常珍贵。

最近，化学实验室中的研究以及制革的时候使用的轧辊等都要求用石头制作，不过苏联不用从国外进口玛瑙等物了，而是使用苏联卡尔坎地区生产的碧石，因为这个地方出产的碧石质地均匀，韧性良好，并且耐磨损，耐压能力强。

我们在卡尔湖边过了一夜。这里的四周非常静谧，非常温暖，湖岸上的夜景非常美妙，满月在山间照耀，湖水水面上满是树林的倒影，令人难忘。不过可惜的是，我们在第二天就要出发去米阿斯了。我们想着打包矿物以及去莫斯科的事情，想着那么多要做的工作，以及那么多要打交道的人。在兜了一圈之后，马上就该回去了，这天晚上我们都感到非常开心。不过，由于这里的风景实在太美，我们又有些舍不得离开这里了。

第二天一大早我们就花费了很多时间去寻找碧石，但是却一无所获。不过，我们之后遇到了一个米谢良克族的女人，请她带着我们去找。她犹豫了片刻便同意了，于是坐上我们的汽车和我们一同出发了。果然，这次我们找到了位于丛林之间的采掘碧石的坑道。这里的碧石块非常大，这些大块的碧石每一个都有几吨重，我们根本没有办法将它们运走，并且，我们真的想不出这么大块的碧石能够制作些什么东西。

既然如此，就让这些大块碧石先在这里放着吧，有用的时候再来运。我们同样非常喜欢这些颜色很讨喜的碧石，它们是灰色的，质地均匀，图案也很丰富。在这里，我们还观察到了蛇纹石与碧石接触后发生的一些现象，这也告诉了我们：碧石只不过是一个非常发达的种类，其中还有非常多的种类等待着我们的研究和发现。

橱窗中的每一块宝石都有自己的历史，所以如果将这些宝石的历史都一一道来的话，这本书是肯定讲不完的。不过如果你有机会去博物馆，那么你也可以看一看橱窗中的宝石，然后回想一下我所写的东西中描述了什么。当然，你也可以去那些小东西中寻找远古时留下来的遗迹，找一找我曾提到过的那些奇怪现象。不过，不要只看到宝石的过去，同时也要看到它们的未来，这些宝石的将来并不是它们的美丽，不是它们让人留恋，也不是它们作为奢侈品的价值，而是它们的坚硬和耐用。现在将一块名贵的手表拆开，找来放大镜仔细观察里边，就会发现在表里刻着几个字：十五钻。

这些宝石镶嵌在表中并不是毫无道理，因为表要精确，并且要耐用，所以表中的小轴一般都会用更加细小的宝石轴支撑，这些宝石轴非常耐用，能够使表持久不断地准确测量时间。

在将来的技术行业，一切重要的机械部件可能都要使用非常耐用的宝石来制作，到那个时候，宝石在技术领域才会有新的地位，也直到那时，宝石才能够将自己历史中的悲苦、辛酸、罪孽、虚荣等洗刷殆尽。

现在的技术领域，宝石已经开始发挥作用了。一战期间的交战国并非仅仅关注着战场局势，还在不断地寻找耐用的宝石，用来使用在航空、火炮和航海等领域的精密仪器中。

10. 皇宫中的矿石

如果你们想尝试一次矿物学旅行，那么普希金城的华丽皇宫肯定是非常好的选择，著名的建筑师拉斯特列利设计了这座宫殿，并在1752—1756年间完工。但是在1941—1945年的卫国战争期间，普希金城被法西斯占领，这个具有全世界文化意义的宫殿已经被破坏掉了，里边的东西也已经被抢劫一空，所以，我只能详细地把里边的古迹讲一讲。

这个博物馆原本是沙皇为了满足自己的虚荣心而建造的，不过的确可以称作是世界上最漂亮的博物馆之一了，里边陈列的石头、树木和丝绸等相互映衬，看起来非常美妙。1829年，历史学家雅科夫金曾经描述过它，并且记录着这个皇宫的陈设。现在就从他的记录中摘取一段，看看它是怎么描述这个博物馆的内部的：

……这个皇宫中不可思议的事情实在太多了，宇宙中的那些无法理解、无法用语言描述的宝物都聚集在了这里。这里的皇宫装饰是意大利的艺术家们制作的大理石艺术品、写生画和镶嵌画；这里地板的原料是印度和美洲的上乘有色木材，不仅如此，地板上边还有闪亮的珍珠质；这里的墙壁、立柱和墙檐的装饰是普鲁士的琥珀。这里的瓷器是从中国和日本而来，比如祈祷以及日常用的服装、金属人偶、各种容器，以及其他一些东西。西伯利亚土地的面积非常广阔，蕴藏着宝藏的富源比比皆是，这个博物馆中的花园内同样种满了西伯利亚的树种，大厅中也陈列着西伯利亚的名贵物产，比如金银、青金石、五颜六色的玛瑙斑石、花纹独特的碧石，还有大理石和其他珍贵且美丽的矿物。不仅如此，来自北冰洋和里海的贡品在这里也能够找到，就摆放在沙皇的大厅中。

皇宫附近的地下有很多建筑材料，现在，这些材料已经被发掘，满足了建设需求，用以加固和修葺这里的花园、大小公路以及这座皇宫。先是国库村，然后伯爵村、普多斯契村等都将大量的石头等物供给这个建筑物……

当然，我并不打算将这个博物馆中有价值的地方一一描写，我只能挑选几个比较重要的来讲。首先，我们来讲一讲琥珀室。

琥珀室，顾名思义是用琥珀装饰的屋子，直到18世纪初，这个琥珀室在世界上都是独一无二的。

这是一个奇迹，你看到它时一定会震惊，除了琥珀本身的名贵精美和雅致等属性，它的颜色同样非常漂亮，虽然深浅不一，但是每一处都透露着温柔，能够把屋子装饰得同样美丽。四壁上同样装饰着琥珀，这些大小和形状都不相同的琥珀被打磨得非常光滑，呈现出非常统一的淡黄褐色。壁画分成了很多格，每一格的边框都是浮雕的琥珀，中间还镶嵌着四幅罗马式的风景画。这些画有不同的寓意，象征着人的四种心情。这些用彩色石头制成的镶嵌画在伊丽莎白女皇时代就已经有了，这种艺术品需要大量的劳动才能创作出来吧！同样的，如果想将这间屋子装饰的富有幻想，这样的艺术创作同样是非常困难的，不过就算是这样，这间屋子还是建造得非常成功，用琥珀制作了各种装饰，并营造出了种种复杂的样式。

当然，屋子内的窗框、墙板、浮雕、半身和全身塑像、印章以及其他纪念品都是用琥珀做的。

讲完琥珀室之后我们再来讲一讲里昂厅，这是皇宫的又一间漂亮屋子。

里昂厅类似玛瑙室和琥珀室，同样是艺术创作的结合。一些代替了青铜作坊制品的近代细工艺品被摆放在这里，它们非常的鲜艳夺目，著名建筑家卡梅朗的最初构想便是在它们的映衬下失色不少。

这里同样是用单一种类的石头制作的，但并非玛瑙和琥珀，而是娇蓝色的青金石，这种有色石头非常耐看。

屋子墙壁的低矮部分大都是使用青金石装饰的，比如壁炉和壁炉上的镜子、窗框、门框板条等。大门上的青铜装饰同样非常美观，线条清楚，轮廓柔和，和门上的木料相得益彰，让人看得目不转睛。这些娇蓝色青金石中有一些是带有白或灰的斑点的，有一些是带有一点儿紫色的，还有一些是和云母、方解石、黄铁矿等一同出现，这些黄铁矿的周围还有一些红褐色斑点。这里的一切都经过了巧妙的安排布置，人们看过之后就会觉得这里的色调是缓慢变化的，这种感觉正好映衬出了青金石的美丽。不过，虽然这些青金石色调柔颜色多变，但正是因为这些奇怪的斑点或是其他矿物，让人们认为这其实是俄罗斯出产的青金石不纯，是一种缺陷，减弱了这种青金石的价值。

如果仔细观察门框的镶板和板条的装饰，很容易就能知道，工人们在装饰这里时每一块青金石的使用都非常慎重，因为工人手上的青金石非常少。这并不是什么稀奇的事情，贝加尔湖边上的斯柳江卡河1786年才被发现了青金石，这个时候这间大厅正开始建造。当时是叶卡捷琳娜二世执政，她对青金石很感兴趣，曾经派人去中国购买。正因为此，索伊莫诺夫立马将发现青金石的事情报告给了她。

第一车青金石运到这里是在1787—1788年间，这个时候这里正在修建宫殿的浴室，于是这些青金石在打磨光滑后便用来装饰浴室了。与此同时，女王又下令开采青金石，并拨款3000卢布。正因为这件事，1787年一年就有300多千克的青金石被开采出来，然后运出伊尔库茨克，这就是俄国发现青金石的经过。

现在，我们将离开这里，从叶卡捷琳娜宫的大厅穿过后去玛瑙室看看。

玛瑙室算是一个单独的陈列馆，它由很多间厅室连接而成。在这些厅室中，我们最为关注的是一间圆柱形大厅以及一间用碧石和玛瑙装饰的屋子。这两间屋子中有一间呈长方形，里边有一个用碧石装饰的圆形拱门；另外一间则是椭圆形的前厅，这间前厅都是用玛瑙来做装饰的。这里的大厅有很浓的希腊风格，基本都是希腊式的装饰，圆柱则用比利时产的大理石制作，颜色为浅色的灰粉色。这些石柱柱脚有凹陷，有一些凹陷处有意大利风格以及俄罗斯风格的大理石雕像以及花瓶，也有一些地方有产自蒂甫吉亚的粉红色大理石，还有一些地方有产自绍克申的斑石。不仅如此，就连壁炉和门窗上的板条都是用美丽的石头制作的，这些石头是产自意大利的白大理石，其间还点缀着一些古埃及斑石。

其他的两间屋子则全部使用本土的石头来进行装饰，这让我们感到非常有兴趣。两间屋子的形状和风格非常相近，只不过使用的材料有区别。其中的一间主要材料是色调比较暗的带状碧石，这些碧石的颜色很复杂，绿色、淡绿褐色、红褐色等等的颜色都已经纠缠在了一起；另一间的主要材料虽然也是碧石，不过却是乌拉尔人所谓的"肉状玛瑙"。两间屋子的屋门同样会好看，装饰用的同样是绿色以及红褐色的碧石。整间屋子的这几种色调搭配得很完美，人看过之后不会觉得颜色很杂乱。大门的上边是墙檐，墙檐上摆放着很多石刻的花瓶，是叶卡捷琳堡（斯维尔德洛夫斯克）以及科雷万两个工厂的制品，不仅增加了观赏性，还能给人留下好印象。

叶卡捷琳娜宫的屋子用到了种类繁多的石头，花瓶、桌子、大门、窗台等都能够引起矿物学学者们的注意。如果我能带你们去参观这里，那么我可以将这里的每一种石头的历史和开采加工的方法过程告诉你们，这种知识能讲上好几个小时。

11. 大城市中的矿石

我有一个从小养成的习惯，当别人说到某个地名的时候，我总要想到某些和矿物有关的东西。比如提到鲍罗维奇，我就会联想到这个地方出产的方铅矿；提到米兰，我就联想到了建造在米兰的大理石教堂；提到巴黎，我就会想到巴黎的石膏开采地；提到十月铁路上的贝列查卡站，我就会想到这里出产的那些高质量石灰石。

当然，在城市中游历更能让我们增长见识，这里的每一处都有非常完整的"学校"，等待着矿物学家去研究最复杂的困难问题。

那么现在，我们就去彼得格勒和莫斯科的街道上转一转，去看看那里的石头能告诉我们些什么。

涅瓦河位于苏联北部，河岸边有一条河岸街，在这里能够看到带点儿蓝色的河水，这种颜色正是因为里边含有某种矿物。在这条街道的两侧行走，脚下踩着的就是普基洛夫出产的板石，这种板石算是石灰岩，是志留纪的时候生成的。深海中出现了某种变化，碳酸钙开始沉积，于是便出现了这种板石。

这里真正的公路路面上铺着一层辉绿岩，这些都是岩浆形成的。远古时期的火山喷发时，岩浆漏了出来，流到了奥涅加湖[1]附近的地面上，于是形成了辉绿岩。

这附近的建筑大多是以花岗岩为基脚的，这种岩石也是熔岩凝固形成的。建筑物的窗台原料是大理石，这种岩石同样出自熔岩，这些熔岩喷出后在古代雅图尔海中凝固，就形成了这种东西。当然，这些都是比较常见的了，我最惊讶的还是那种更长环斑花岗岩，它们就如同长着大大的眼睛一般，只不过，这种"眼睛"是长石构成的罢了。其实，不仅仅是涅瓦河的石岸，嘉桑市大教堂的立柱以及伊萨大教堂博物馆中的圆

[1] 奥涅加湖，位于圣彼得堡东北。——译者注

柱廊等都是用这种材料建造制作的。

我听着这种花岗岩的话语，听它描绘着自己的历史。我们目前虽然无法看到它所诉说的那些现象，但是，在我们脚下，地球的深处，这种现象依然在缓慢进行。

地球本来就是一个非常炽热的火球，[1]火球的表面是大片大片的熔化物。后来冷却下来之后，这些熔化物成为地盾，苏联北部这片地区就是在约15亿年前形成的最初的那一片地盾。当时的北西伯利亚经常出现特大风沙天气，刚开始时的持续热带暴雨连续不断地冷却着火热的地表，地表下的熔岩又冲破刚刚冷却的表层，然后将大风沙中的沙子再次熔化，进入第一批沉积岩之中。

这一时期，在地下生成了名为更长环斑花岗岩的红色花岗岩，其中有一些孔眼似的长石晶体，这些晶体一条一条地连接在一起，然后结晶，当熔岩全部凝固的时候就被固化在一起了。在这一过程中，有一些水蒸气和气体从熔岩中逸出，然后跑到古代的地质层冷却成为固体，形成比较特殊的岩石资源。

白海以及波罗的海沿岸能够看到很多岩脉，这些岩脉正是更长环斑花岗岩的"呼吸"所造成的远古遗迹。

巨大的采石场在瑞典和挪威并不少见，这些采石场中一般都出产粉红色的长石和云母以及如同玻璃般透明晶莹的石英。这三种矿石之中夹杂着一些黑色的石头，这些石头看上去并不出众，它们的密度很大，并

---

[1]　在本书作者费尔斯曼生活的时代，地质学中有一种权威的见解：地球最初是热的，处于一种熔化后的液体状态，经过冷却后，外边的部分才凝固成地壳。这种见解的一居室可得—拉普拉斯假说，该假说称地球最初的状态是液态和气态，而并非固态。《趣味矿物学》成书于1926年，作者费尔斯曼院士在论证矿物的形成时就依据了这一种见解。

最近，关于地球的起源，苏联科学家施密特院士发表了一个新学说，该学说称，地球和其他行星一样是由质点聚合而成的，这些指点之前包裹在太阳周围，处于气态或者灰尘状态，不过后来却形成了地球。

这个学说认为地球在最初是寒冷的，地壳深处发热是之后的事，因为那里的放射性元素衰变是释放出大量能量，于是产生了热。

于是在地球起源这个问题上，原本的权威学说和这个新学说的出入还是很大的，目前这个新的学说正在数学、物理、化学、力学和地质学等和天文学关系比较密切的科学中着手进行论证。——原书编者注

且不透明。然而，正是这种不出众的石头中却蕴含着很多足以让人惊讶的矿物，比如能够提炼出镭的铀矿，以及含有暗绿色磷灰石的黑色电气石……

我继续顺着河岸向前走，长石构成的眼睛显出白色，本来黑色的云母片因为冷风的影响而变得金黄，灰色的石英一点儿点儿剥落，河水不断地冲洗着石英上的黄褐色斑点。这就意味着花岗岩的历史眼看就要成为过去了，它十几亿年的生命应该已经到了尽头。

走过河岸后，我们可以在市内继续参观。

"白石城"中，很多老房子都是用莫斯科产出的白色石灰石建造的，这种石头大概已经有了3.5万年的历史，在石炭纪的海底聚集而成。

如果要研究莫斯科旅馆底脚的花岗岩的形成过程，那么我们可能要花上好几个小时。这种花岗岩形成了非常有趣的伟晶花岗岩岩脉，它是由于那些炽热的熔岩穿透原本就存在的花岗岩时形成的。

捷尔任斯基街上的房子有一部分是用暗色拉长石来做装饰的，这种石头上边有一些蓝色的斑点。看完这条街道，我们再去红场看看。那里的陵墓具有深刻的历史意义，不仅如此，还能够发现很多种的矿物和岩石。这里不仅能够看到多种多样的辉长石和拉长石，还有一些搭配非常巧妙的花岗岩以及斑石，这些斑石都是绍克申出产的。这里的石头们不仅仅象征着伟大，还代表了苏联人民对已故领袖的哀悼。

顺着莫斯科大街向下，我们就来到了地下铁路的宽阔走廊。这里已经没有了沙子、黏土等，它们已经被隧道工人给挖了出去，将它们的所在位置修建成了隧道。同样的，这里也就无法看到那些生成于石炭纪的、能够用来建造屋子的石灰石。

在电灯灯光的照射下，我们能够清楚地看到多种大理石和花岗岩，不仅如此，从卡列里北部边界到克里木沿岸边界这么一大段地区中所有的建筑和装饰用岩石在这里都能够看到。

莫斯科的地下铁路是排在世界前列的，每个车站都会用大理石等岩石制作地面，不仅如此，玻璃、矿渣以及涂釉砖等，这些材料装饰了超过6.5万平方米以上的区域，要知道，这还仅仅只是个开始而已。

从彼得格勒图书馆附近向地下行走，就能够看到用克里木出产的黄色斑点大理石做装饰的入口，之后就会看到一些用莫斯科产出的灰色大理石制作的八面形柱子，这种灰色大理石内部含有一些细小的方解石。继续向四周看，墙檐下方使用黑色玻璃镶边，站台台阶使用克里木出产的淡红色大理石制作。如果仔细一些，甚至能够看到这些大理石中包裹着的蜗牛和贝壳的化石。几千万年前，南方的大海淹没了克里木和高加索地区，这种化石生前就是在南方大海中死掉的生物。

地铁中的火车速度很快，每一站的停止时间也非常短暂，所以我们根本无法将每个站的大理石都看仔细。在奥霍特内线的捷尔任斯基以及基洛夫站，我们终于看到了足以让人兴奋的巨大大理石板，是乌拉尔地区产出的灰色带状石板。看到它后，我们又迎面看到了车站的红色大门，这些大门的装饰材料也是岩石，是乌拉尔中部的塔吉尔地区出产的红色大理石。不仅如此，我们还看到了沃累尼出产的拉长石，这些石头上边能够看到蓝色的小型斑点，被用于车站护墙板的镶边。之后，除去这些未曾提到过的石头，剩下的就是比较熟悉的石头了，比如克里木和高加索地区产出的柔和色调的大理石，灰色或白色的乌拉尔大理石以及灰黄色的莫斯科石灰石。

在浩瀚的宇宙中，在万千恒星和行星中，地球只是一个非常渺小的星球，它从一开始的炽热到现在的适宜居住，中间经历了非常长的历史。不过，我们却经常忘记地球的这一大段历史。

12. 禁采区中的矿石

"禁区"这个词想必读者们都有耳闻，是禁止进入的意思，往往是为了保护某个地区的环境或者动植物而划出的。记得高加索就有一个保护野牛的禁区，新阿拉斯加有一个保护羽茅草草原生荒地遗迹的禁区，沃罗涅日附近有一个保护橡树林遗迹的禁区。这些禁区数量非常多，并且都很容易理解，不过，为何要给石头设置禁区呢?

其中原因正是因为石头也和野牛等动植物一样需要保护，但可惜的是，这种禁区设置得实在是太晚了。

我曾在克里木见过几个非常美丽的钟乳石山洞，里边的钟乳石粗细各不相同，形成了样式繁多的钟乳石帷幕和钟乳石瀑布。然而，谁知没过多久这些山洞中的美丽就消失不见了，游人们为了做纪念而将这些钟乳石和石笋无情地破坏，当然，其他的矿石也是一样。

在费尔干纳[1]有一个著名的大重晶石山洞，本来这里有很多的大重晶石晶体以及泉华，但是被一些游客想办法弄回家收藏起来了。这让人感到很痛心，原本是独一无二的，却这样被破坏掉了。

所以，给石头规划进去也是势在必得的，我们应该为能够制止这种盗窃地球财产的行为而感到高兴。这种地球财产一旦被毁掉，再次生成的话会非常缓慢，如果要等它被破坏后恢复原来的样子，需要的时间比野牛群以及羽茅草的数量恢复时间要长得多，所以我们应该保护这种地球财产，从它们那里学到知识，传授给其他人。

这种禁采区在乌拉尔地区只有一处，位于伊尔门山的米阿斯车站附近。

如果对石头有兴趣，那么就不可能不知道伊尔门山，如果要谈论它，每一个爱好矿石收集的人都能滔滔不绝讲上一段，比如那里的珍奇矿物或者那里美丽的蓝色天河石。伊尔门山地区有非常多的宝藏，种类非常多，并且都十分珍贵，算是矿物的"天府之国"了，相信每一个对矿物有兴趣的爱好者都会期待着去那里参观一番的。

18世纪末期，哥萨克人曾经不顾有可能出现的巴什基尔人的陷阱以及卡查赫人的袭击，深入了伊尔门山，其中一个叫普鲁托夫的人在保卫契贝尔库尔斯克堡垒的时候找到了一些能够制作窗户的云母和一些宝石。不过这个地区在当时并不安宁，普通的人们想到这里来开采和加工矿石简直是难上加难，只有一些非常大胆的探险家才敢到这里来。

---

[1] 费尔干纳位于中亚地区。——译者注

后来，西伯利亚铁路修到了这里，代替了艰险的山路，于是，米阿斯车站便建立起来了，它紧靠着伊尔门山的山脚，并且紧挨着伊尔门湖。它是用一种淡灰色的石头修建的，看上去有些类似花岗岩，不过比花岗岩稀有，叫作米阿斯石[1]，是为了纪念米阿斯所取的名字。车站附近有一个小山村，小山村的后边是一座山，山上长满了树木。如果站在这个小山坡上向北看，就会看到像是一座山峰的伊尔门山。不过伊尔门山并非只是一座独立的山峰，而是绵延不断的，大概有100千米长，各处的化学成分非常复杂，只是由于我们看的位置不同才会认为它是一座孤立的山峰。

山脉的西边是米阿斯河谷，这个河谷内有一些非常稀疏的树林和几个非常大的集体农庄以及大面积的耕地。山脉的东边是一些分布比较稀疏的小型山峰，树林并不是特别密集。在这些小山峰的中间有几个形状各异的湖泊，在这里能够看到湖泊水面反射出的亮光。再往远处望，就能够看到西西伯利亚的大片草原了。

从伊尔门山陡峭的山坡爬到山顶大概需要三刻钟的时间，当你站在山顶那些充满岩石的地方眺望，却能够发现让人非常难忘的景色。

不过，我们是学习矿物的，这些美景都不如东边的景色能引起我们的注意。这座山的东边是西西伯利亚大草原，但是我们注意的并不是这个平原的远方，而是伊尔门山的东侧山坡以及山脚。这里的坡度并不陡峭，小山丘和树林都有，并且还有一些湖泊。在树林和山坡之间有一大块看似空地的沼泽，这里边是开采泥炭的地方；树林中不仅有伐木区和树林稀疏的带状区域，还有开采黄玉和海蓝宝石的矿坑。

从米阿斯车站走两千米左右就能看到一些精美的小房子了，这些是禁采区的管理机关以及博物馆、图书馆。如果要研究，那么这里是非来不可的，因为这里正是禁采区内富源的研究地。

过不了几年，在这个禁采区内就会出现很多这种屋子，那时的来者就可以住在矿坑的周围，研究曾经发生在这些匡衡的事情，以及现在仍

---

[1] 米阿斯石，学名为云霞正长石。——译者注

然没有弄清楚的规律了。

现在已经有差不多200个矿坑清理完毕，除掉了炸药爆炸过后的岩石碎屑以及矿脉周围的围岩。这里的每条矿脉都十分仔细地检查了一遍，不过检查者们并没有去触碰或者移动里边的海蓝宝石和黄玉。伊尔门山中的矿物多达上百种，每一个矿坑中都藏着让人意想不到的矿物。

这些矿坑我来看过不止一次，并且每次都要先看一看出产黄玉以及冰晶石等矿物的斯特利日夫矿坑。之前，我曾经去过额厄尔巴岛，那是个位于南方的炎热小岛；我还去过瑞典的矿脉，那里的天气非常阴沉；我还去过阿尔泰、外贝加尔、蒙古和萨彦岭等地区，不过这些气候各异、环境各异的地方出产的有色宝石都不如斯特利日夫矿坑出产的那些矿物。

当我在看到伊尔门山的天河石矿坑时会因为看到了大自然的美景而喜悦不已，这种感觉在别的地方是体验不到的。我紧紧盯着一堆淡蓝绿色的天河石，我的周围全部是这种有棱有角的石头，阳光照射下来后，它们就开始闪光，发出和绿草绿叶等不同的绿色。我真的非常喜欢这些富源，甚至想起了一位老矿物学家的话，他说伊尔门就是一大块天河石构成的。

矿坑的美丽不仅在于天河石散发出的蓝绿色，还在于这些天河石和一种淡灰色的烟晶结合在了一起，这些烟晶都是顺着一个方向生长的，在矿坑中排布成了一幅美丽的图画，有的纹理像写在淡蓝色底子上的欧洲古文般密集，有的纹理如同象形文字般粗壮，这种花岗岩名为文象花岗岩，上边的文象种类非常丰富，各有特色，如果你见到它的话，它很有可能会让你将它们当作文字，然后解读一番。在18世纪末期的时候，一些探险家和旅行者来到这里后，发现了这些文字，非常喜悦，甚至将它们用来做漂亮的桌面，比如彼得格勒国立埃尔米塔日博物馆内的桌面，就是用这种石头装饰的。科学家们对这种石头上的文字同样非常感兴趣，想要利用这些文字来解读一些自然现象。

看着废石堆的我也兴起了解读这些文字的想法，于是我便寻找着像小鱼一样穿梭在天河石中的灰色石英，打算找到天河石和石英的生成以及共生的规律。观察了一阵子之后我倒是真的发现了这些规律，揭穿了大自然的一个秘密。这些"小鱼"是地球的象形文字，其中隐藏了一些自然规律。它们告诉我们，在远古时期，巨大的伟晶花岗岩岩浆冲破了科萨山的花岗岩片麻岩，暴露出来后，天河石就从这种半熔化状的花岗岩中结晶了出来。这个作用始于800℃，当温度降低时就会生成长石晶体。到了575℃时，花岗岩中出现了烟晶，表面上的文字和图案也渐渐浮现。这些图案刚开始是规则的，但是当温度继续下降，这些烟晶晶体就会向各个方向伸展，越来越大，规则晶体也就变得不规则了，于是，这些小鱼一样的烟晶就变成不规则的样子了。

含有黄玉等矿物的烟晶矿脉同样是这么生成的，如果发现了天河石，那么就可以从其中找到比它更好的宝石，将天河石作为一种标志，的确是非常有效的寻找烟晶矿脉方法，没有天河石就没有这些宝石。这里的山民们懂得这一点，所以非常重视天河石，他们清楚地知道天河石是寻找黄玉的标志和标准。如果天河石的颜色非常浓，那么这里有矿脉的概率就很大了，人们能够从矿脉中得到的幸福也越多。

我之前在参观伊尔门山的时候曾经写过这样两段话：

我曾经幻想过伊尔门山的样子：山的周围是一大片松树林，山顶是风景优美的疗养区，区内因为这些松林的包裹而无法听到远处的流水声，非常安静。当人们离开火车站时，能够乘坐缆车到达山顶。这里正在开采伟晶长石脉以及脂光石脉，开采出来的石头被运到切巴尔库利以及米阿斯的工厂，作为陶瓷制造业的原料。在山脚下的树林边上，有一个伫立在湖边的建筑，这里是伊尔门山矿坑的管理中心、远征勘察队的中心以及实习和科学勘察的中心，旁边还有博物馆和实验室。这里的矿坑中正在进行大规模勘探，开采着天河石。这些矿坑中的探井能够深入科萨山底部，能够将天河石岩脉的内部构造和分布情况探得一清二楚。

这是伊尔门山从远处看过去时的景色。为了科学的发展、工业的胜利、文化的进步，这么做是必要的，只是，经过上边的这些改造，伊尔门山的美景已经黯然失色。伊尔门山的美丽是因为它的荒凉和原始，它的美丽是整体的，比如荒弃的矿坑以及潜伏着猛兽的废石堆，比如艰险的山路。我们提着篮子走在这样的山道上，甚至在营火边休憩饮茶，同样是处在这个荒凉、原始的整体环境之下。这些因素一同构成了伊尔门山现在的样子，如果让我和它的这种样子道别的话，我也会不舍，毕竟这里有富有诗意的模样，也是一种原始和荒凉的美丽，不仅如此，这种美丽甚至能够鼓舞我们，鼓舞我们去工作、创造，探索和掌握自然的秘密。

现在，我的这些幻想有很多已经实现，变成了现实。

世界上出现了第一个矿物禁采区，被命名为依里奇伊尔门矿物禁采区。

1934年的春天，我们乘坐着一种高尔基工厂制作的强大牵引力汽车（米阿斯的孩子们称其为"小开路车"）前往了乌拉尔南部的新工业中心。这种汽车比较轻便，仅仅过了几个小时我们就从禁采区抵达了凯施顿，这里铜矿非常丰富，出产量占整个苏联出产量的四分之一；这之后过了两三个小时，我们抵达了兹拉托乌斯特，这里有苏联造的最新款初轧机；又过了七个小时，我们来到了乌法列依，这里有一个炼镍厂，这是一种非常重要的金属，这个工厂也是苏联镍的重要来源；最后又经过七八个小时，我们来到了马格尼特卡，这里是铸铁的大产地，产量约是沙皇时代时全国的黑色金属产量——这里铁的年产量在300万吨以上。

我们从禁采区出来后经过了好几个庄稼长势很好的集体农庄，以及一个新的国有农场；过了三个小时，我们抵达了车里雅宾斯克。这个城市刚刚起步，算是个正在成长的城市，以后只会更加繁荣。我们走在这个城里，左看右看，看到了很多拖拉机厂的厂房。这些工厂组成的城市建设在了草原上，建设在了花朵中，不过，它们的机械、机床、炉子和传送带等设备却连接成了复杂的装置，一年之内便能生产几万台巨大的"斯大林型拖拉机"，十分不可思议。

看过了这些拖拉机厂，我们又看到了两个让我们眼前一新的工厂。其中一个是钛合金工厂，这里用像火山口般的、太阳表面般的高温来制作一种用于冶钢的复杂化合物；另外一个工厂便是红宝石工厂，生产的是人造红宝石。这种人造红宝石非常大，一块大概就有几吨重，它们被从炉子中取出后可以制作金刚砂，这些是研磨工厂的用品，产量约是苏联总需求量的三分之一。

我们发现了一些地方国营工厂，比如发电厂、炼锌厂以及巨大的巴卡工厂等。除了这些，这里还有一个染料厂，这个工厂的原料是库辛斯克出产的黑钛矿石，能够制作出白色的染料。本来，苏联的生产和进步所需的金属、机器等都需要大量进口，但是现在，车里雅宾斯克的重工业蓬勃发展，已经能够供应给全国各地了。

1934年秋，我们再次拜访了依里奇伊尔门的禁采区，并且在一间老式木头房子内召开了一次地区科学会议。会议的出席者有很多专家，以及对乌拉尔南部地区的富源比较熟悉的人，会议的主题是过去的一些成就以及将来的发展和要做的工作。

主席站在露天的台子上，摇晃着手中的小铃铛（这种小铃铛并非手铃，而是牛或马的脖子上的那种铃铛），主持着这次具有重要意义的会议。在这个露天台子旁边就是乌拉尔的松树林，景色十分优美秀丽。

出席的专家们说："我们不能局限于单纯地知道哪里有哪些富源。乌拉尔这里的铁矿我们已经了解调查了大半，但这并不能成为全部。虽然我们发现乌拉尔地区出产铜、锌、铝，并且铜锌储量和铝储量分别为全国的四分之一和二分之一，这些已经在进行开采发掘；我们还发现乌拉尔南部出产菱镁矿、滑石和铬铁矿，并且是独一无二的产地；但是这远远不够，因为乌拉尔南部地区同样是大富源，那里有几万平方千米的土地是地球化学家以及地质学家没有注意和研究过的，在这些地方的田野和草原下面，埋藏着我们仍然没有发现的富源。"

这些地质学家和地球化学家画出了一幅乌拉尔南部地区的彩色地图，囊括了该地区30多万平方千米的土地，指明了金属或者岩石等矿物的分布情况和规律，并且讨论说明了对这些金属和矿石的寻找、钻探和开采方法。

我的心中已经在想之后的事了，我在想苏联马上就要在东方建立第二个煤铁基地，库兹涅茨的工业马上就会飞速发展。巴卡尔工厂也会安装上和马格尼托格尔斯克工厂一样的鼓风炉，出产的铁质量是可以和在马格尼托格尔斯克工厂出产的铁质量一较高下的；在乌拉尔，车里雅宾斯克的煤矿和煤田将成为新的化学动力基地，这个地区出产的褐煤能够提炼出几十万吨液体燃料，并且气化后同样能够将动力供给车里雅宾斯克的这些工厂；车里雅宾斯克地区的农业产业将会全面升级，集体化运动将进入尾声；此地的交通网也将迅速扩张，尽管这里的面积大概仅为25万平方千米，汽车在几个小时之内就能够到达最近地点，但是车道同样也会四通八达；居民们的主要日常课题将变成造林、修水池和挖沟渠，工业也会快速发展。当原料的综合利用被重视后，相信工厂中的废料就永远不会失去作用。

这样一来，乌拉尔，苏联的脊柱，就将把金属和岩石的微粒和田地以及农作物联系在一起，到这个时候，我们会再次来到这片禁采区，那个时候，只需要两个小时的汽车车程就能到想要去的地方，去参加科学会议，但是并非在这样的木头房子中了，而是在用石头制作的研究站中，到那个时候，矿业研究站就会成为中心研究所，指挥和观察着车里雅宾斯克的工业。当然，在这个和平工业中心，不管是森林中，还是伊尔门湖的边上，肯定会出现一些新的科研机关，他们的主要研究方向将关系到乌拉尔本身、当地的生产力发展以及当地的需要和任务，服务于这个飞速发展的地区。

这样一来，乌拉尔，这条苏联的钢脊，就会将南北东西和亚欧大陆联系在一起。

第二章

自然界非生物部分的构成

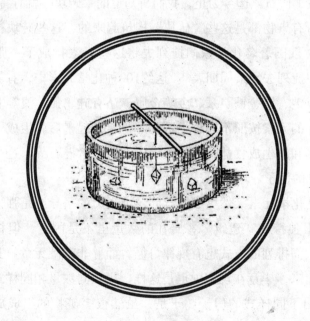

1. 矿物

在第一章中，我们已经了解了处在各种环境下的岩石和矿物。不过我们仍然不清楚，在这个多姿多样的自然界中，到底什么样的岩石才可以叫作矿物。我们要研究的这门科学中，要讲的矿物大概有3000多种，其中1500多种是不常见的岩石，常见的，身边就有的岩石不过二三百种。如果这么看来，岩石的种类似乎比动植物少很多，要知道，动植物的种类总数是以几十万几百万计，并且种类还在逐年增加。

不过，之前我曾提到，矿物学的研究并不容易，因为同一种矿石的外观可能会有很多种。出现这种情况是因为，这些矿石都是由一种更加微小的单位构成，这种单位就是构成矿石的砖块，它们按照一定的规律排列就变成了矿石。迄今为止，我们所知道的"砖块"就有将近100种，自然界的所有事物都是这些"砖块"构筑起来的，这些砖块被称作"化学元素"。俄国著名化学家门捷列夫将这些元素排成了一张严谨的表格，名为门捷列夫元素周期表[1]。这约100种化学元素中，有氧、氮、氢等气体，有钠、镁、铁、汞、金等金属，还有硅、氯、溴等非金属。这些多种多样的元素按照不同种类不同配比结合起来后就生成了我们所说的矿物，氯和钠生成食盐，硅和氧生成石英或者硅石等，这些都是实际生活中常见的例子。

矿物是化学元素天然生成的，并非因人力的引导或是强迫而生成，它是一种很独特的"建筑"，砖瓦的数量虽不是固定，但材质是固定的，并且它们排列的方式也有规律可循，而并非杂乱无章。其中的道理很容易看出来，毕竟在现实中也是这样，用相同数量相同样式的砖块，却可以造出不同样式的房子。于是，虽然很多矿物的组成成分是一样的，都是某一种化合物，但它们仍然是不同种类的矿物，在自然界中的

---

[1] 门捷列夫元素周期表，在费尔斯曼所著《趣味地球化学》一书中曾详细地提到过。——原书编者注（《趣味地球化学》有中文译本，中国青年出版社出版。——译者注）

形态也不一样，比如紫锂辉石以及绿锂辉石，其组成成分是一样的，外观却不同。

就这样，各种化学元素以不同的方式搭配，就形成了地球上的这3000多种矿物，比如石英、盐、长石等等。这些矿物再进行聚集，便形成了岩石，比如花岗岩、石灰石、玄武岩和砂岩等。

研究矿物的学科名叫矿物学，研究岩石的学科名叫岩石学，研究组成岩石以及矿物的元素以及其历史的科学名叫地球化学。

这些话，读者们看了可能会感觉枯燥无味，认为这并没有什么有趣的地方。不过尽管如此，我还是希望读者能够读完这本书，我们需要牢记自然界的一些知识，我们记忆越深刻，了解得越多，就越能够发现身边这些事物的有趣之处，并更快地改造大自然。

这个世界中，没有被发现的秘密实在是太多了，这些秘密越是复杂深奥，科学的成就就越大，于是我们所能获得的新知识就越多，解开的秘密也就越多。当我们发现一个秘密的全部时，又会在其中发现新的秘密，这个新的秘密往往更难探究。

2. 地球和天体中的矿物学

地球是由什么矿物构成的呢？

对于这个问题，多数人大概会认为我们周围的这些常见矿石就是地球的组成部分。然而这并不符合事实，地球的深处含有的矿物或者物质和地表完全不同。读完了这一节，读者们就会明白了，其实地球的构成成分是类似太阳的，并不是主要由那些石灰石、黏土、花岗岩等构成的。

显而易见的，在我们居住的地表，一样是某些物质多，某些物质少。这些物质中，稀少的那部分就叫作稀有物质，想要把它们开采出来用于工业，就需要费很大的力气。但是，那些丰富的物质很多，想要多少就能取到多少，这些物质在地表上存在的差异巨大，原因正是由于这些稀有物质的分散，它们大都不会如那些含量丰富的物质一样大量聚集在某处，也不会形成矿床。

当然，最深层的原因是这些物质的含量的确是不一样的，有一些物质含量多，总质量差不多能够占到地壳的一半；有一些物质含量少，总质量加起来可能才只是地壳的十亿分之几。1889年，美国化学家克拉克分析了地壳的成分，发现在构成地壳的92种不同元素中，我们周围大量分布的不过是其中的某几种。如果按照体积来算，那么有一半以上来自氧和氢，硅则是第三位，石英便是氧和硅的化合物。不过，虽然位居第三位，它也仅仅占了15%而已。除了这三种，我们熟悉的比如钙（石灰石中）、钠（海水和食盐中）、铁等，它们的总量也不过是百分之一到百分之二左右。

我们周围的景色是丰富多彩的，这些丰富多彩的环境中的99%是由12种常见元素构成的。这12种元素按照不同的方式化合、结合，便成了我们周围这些不同种类的矿物和生活用品。

但是，我们脚下的地球深层，情况也是如此吗？如果真的想要探明这个问题，我们就需要前往地心，进行一次非常困难的旅行。这次旅行的路程大概是6000千米左右，虽然困难，但是非常特别，并且充满着幻想。

1936年，我曾经去过捷克，去了那里的一个矿井。那个矿井很深，于是我也下到了地底深处。这里有一个没有顶子的电梯，我们就坐着这个电梯向下降，速度大概是8～10米/秒，能够清楚地感觉到风声和电梯轨道的响声，并且越往下走，空气就越潮湿，气温也越高。

几分钟过后，我们便到达了矿井底部。在这里待着会感觉非常不舒服，略微有点耳鸣，并且心跳加速。在这里，气温大概是38℃左右，空气非常潮湿，真的就和在多水的热带一样。不过，这仅仅是地下1300米而已，这个距离不过是我们幻想中地心旅行的五千分之一。就算是世界上最深的非洲金矿，也只有2500米深。人们的所有活动，全都受到了这样一层地壳的限制。

　　不过，人们非常想突破这层地壳，到一个新鲜的地方去，于是人们便用尽所能，将自己的眼睛武装起来，透视到了地壳的深处，去探究在我们脚下的到底是什么。不过，即便如此，我们探知的也仅仅是全部深度的五千分之一。

　　肉眼自然无法看到地壳深处，但是依靠机器的话，我们可以探知到比肉眼看的深得多的距离。最近，人们发明了一种金刚石钻机，这种钻机已经能够钻探到地下4500米的深处，然后将在这个深度的石头柱子提上来。不过，和地球半径相比，这4500米同样是微不足道的。[1]

　　大自然有的时候也会帮助人类，比如地质作用，它影响了地底的深处，然后会将地下的物质转移到上边。比如海洋深处的矿物会变成高不可攀的陆地山峰，熔化的岩石会因为裂缝等喷出地表。如果遇到了这些事情，科学家自然能够凭借一些地质方法研究它们。这也就是说，虽然一些矿物岩石并非是存在于地表的物质；有一些还是存在于15千米～20千米深处的，但是由于这些原因，科学家依然能够将这些石块和矿物带到研究室研究。

　　不过，相比6000千米的地球半径，这15千米～20千米还是微不足道。地球半径相当于圣彼得堡到外贝加尔赤塔之间的距离，而这15千米～20千米，仅仅是彼得格勒到近郊的列巴茨村这一小段而已。

　　那么，关于地表深处，我们到底知道些什么呢？地表深处是由哪些物质构成的呢？

　　之前的我们知道得非常少，不过最近科学家们倒真的发现了一些有用的信息，我们的视野也扩大了好多。我们得知，地球的比重为5.52，大概是水的5.5倍。不过，地壳上的石灰石、花岗岩、砂岩等常见岩石的比重要小很多，仅仅是水的两到三倍，那么也就是说，地壳深处的物质比重要比地表的物质大得多。除此之外，我们发现在15千米～20千米的地方物质含量和地表相比是有了一些变化，铁和镁等金属比地表高一些，于是我们便可以进行假设：地心处的物质成分会发生更大的变化。

----

[1]　苏联的油井最深能达到5000米（1951年）。——原书编者注

但这远远不够，宇宙非常大，我们的地球仅仅是无数星球中的一个，于是我们便想着比较一下地球、太阳、其他行星和彗星。有一点非常奇怪，我们对地球的了解要远远小于对其他星体的了解。星体的碎片有时会落到地球上，它们被叫作"陨石"，我们研究这些"天外来客"时就会获得一些关于宇宙中物质的资料了。

最近，关于地震的研究给我们补充了很多新的宝贵知识，地震时震波或沿地表扩散，或穿透到地心深处，向各个方向传播。现在，我们假设日本的某处发生了地震，那么地震站的精密仪器就会接收到两个震波，一个来自地表，另一个来自地下。这些来自地下的震波在地下的传播速度并不相同，遇到不同的物质都会使震波的速度发生改变。这些震波在靠近地表的时候速度加快，但在远离地表的时候速度放缓，因为地表物质的密度比深层物质的密度要大一些。根据这些研究，可以确定地球在深处的密度变化乃至成分变化。

我们可以到原本想象不到的，压力极大温度极高的地方去旅行一次，不过要记住一点：我们在动身不久就会遇到炽热的熔岩，这些熔岩最开始出现的地点在30千米～100千米深处不等。如果我们继续向深处前进，这里的熔岩便会变成玻璃状的固态，虽然温度非常非常高，但却不是液态的了。

旅行的起点自然是地表。世界上的几块大陆成分大多是花岗岩，比重为2.5，其中含量最多的元素就是氧和硅，是地壳的最外层部分。然后，这些大陆都飘浮在黑色的玄武岩地带上，也就是说，花岗岩的下层是玄武岩。铁在玄武岩中的含量要明显高于在花岗岩中的含量，玄武岩的比重也比花岗大很多，约为3.5。如果再深入，到达地表下30千米，由于这里镭的化合物非常多，裂变发热，导致这里的物质全部变成了液态。

这种液态环境会一直持续到地表下1200千米左右，虽然从地表到这里的这段距离有很大一部分都是液态物质，但这里是地球岩石带的最底层。当经过岩石带继续向深处前进，就会发现一种密度非常大的、形态和特征都很像玻璃的岩石"榴辉岩"。

如果火山爆发，就有可能将这种榴辉岩碎块带到地表。在南非洲的几个著名的榴辉岩矿坑里，有极大的可能发现金刚石晶体。

现在继续向地底深处前进，1200千米～2900千米深处的地带为矿石带，在这一带堆积着大量的铁矿石，比如磁铁矿和黄铁矿等，并且其中还夹杂着一些含铬矿石和含钛矿石。由于在这些铁矿石中氧的含量很小，铁的含量很大，导致这里的矿石比重也很大，能够达到5或6。这里温度极高，但是矿石们依然会在高压的情况下保持着固态。

这一条矿石带差不多能够持续2000千米左右，当走过这个部分，我们就到达了地心。现在我们可以画出一幅大致的图来体现地球的构成了（图5），这个核的密度大约是水的11倍，是钢的1.5倍。其成分和矿石带相仿，大部分是铁，并且含量高达90%。其他则是一些镍金属和硫、磷、碳等。

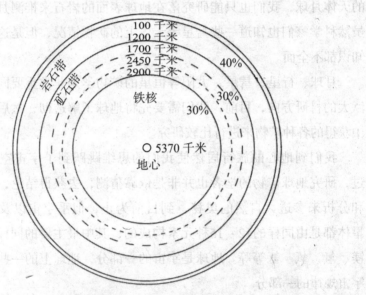

图5 地球的剖面以及各个地带的情况

既然如此，构成我们所生活的地球的主要成分是什么呢？起着重要作用的又是哪些元素呢？经过去地心的旅行，我们已经能够回答这个问题了：起着重要作用的元素按照作用的重要程度排列依次是：氢、氮、铁、氧、硅、镁、镍、钙、铝、硫、钠、钾、钴、铬、钛、磷、碳。

既然是这些元素形成了我们这样一个多样的地球，那么地球到底是如何形成的呢？为什么地球的40%以上都是铁元素呢？这些元素为何会这么分布？如果铁在地表附近分布的多一些，那么我们就不用担心铁荒，也就有足够的能力保证经济的发展了。

关于地球的形成，说法有几十种之多，其中有一种学说听起来是最可靠的：宇宙中的微小碎屑和尘埃聚集起来，形成了地球的雏形，之后这些碎屑尘埃越积越多，混杂在一起，熔化成一片，然后，密度大的元素沉积在中心，密度小的元素浮在表面，变为岩石带，于是就形成了现在的地球。

这个学说非常可信的原因是，研究表明其他天体的成分与地球是一样的。当然，我们对于天体矿物学仍然是知之甚少，就连距离我们最近的天体月球，我们也只能研究落在地球表面的岩石来推测月球的成分。虽然科学家们也知道一些彗星等天体上的矿物情况，但是这些了解到的知识都不全面。

月球、行星、彗星、太阳等恒星的矿物学是非常重要同时也是非常巨大的科研方向，目前，我们需要先将地球了解透彻，然后再将从宇宙中获得的各种矿物来进行比较研究。

我们到地心的旅行居然使我们的思维跳跃到了宇宙空间去了，不过，研究地球矿物的学者也并非是依靠猜测，去获得结论，而是用实践和分析来参透大自然的奥秘。到目前为止，似乎宇宙以及宇宙包含的星体都是由同样的12~15种元素构成的，其中最主要的同样是铁、硅、镁、氢、氧、氦等等。地球是宇宙的一部分，地球上的一些规律自然是宇宙规律的一部分。

3. 晶体和晶体性质

如果仅仅是去博物馆参观石英和黄玉等晶体，或者在冬天想办法去观察晶莹的雪花，又或者观察砂糖那种类似金刚石的方形晶体，是远不能明白晶体的概念以及性质的（图6）。如果真的想深入了解晶体以及其性质，就必须自己培养一些晶体，了解它的成因。

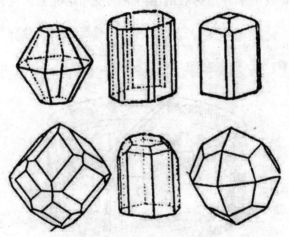

图6 （从左到右）刚玉晶体、绿柱石晶体、符山石晶体、
石榴石晶体、黄玉晶体、白榴石晶体

现在就开始吧。先去药房买200克明矾和胆矾，以及两个结晶皿，两个浅玻璃杯。这些东西齐备之后，就可以做结晶实验了。首先用适量的热水溶解掉一大部分明矾，剩余一小部分，然后将水冷却，于是明矾就会渐渐析出。两个小时之后将溶液倒入结晶皿中，密封后放在窗台上。用同样的方法处理胆矾，将得到的蓝色溶液同样置于窗台上。

第二天早晨，两个结晶皿的底部就会析出一些大小不一的晶体了。现在将两个容器内的溶液分别倒入两个玻璃杯中，将其中的晶体挑最大的五六颗，用吸水纸吸干上边的水分，其他的小粒结晶就全部扔掉。将结晶皿清洗干净后再将溶液倒回结晶皿，并用镊子将我们挑出的结晶放置在结晶皿底部，放置的时候晶体不要太过靠近，完成之后将结晶皿密封。除了这种办法，将一根细线放置在溶液中，第二天也会在线头上发现一些晶体。将这些晶体中较小的去除，只留下一到两粒，然后将线放回溶液。

第三天早晨的时候我们就会发现在结晶皿底部或是线头上的晶体变大了一些。这时我们需要将晶体转动一下，让另一面向下，之后再次密封。就这样，每一天这些晶体就会长大一点儿，或是在它们附近出现其他的小晶体。如果出现了小晶体，就要像刚才所说那样将它们去除：将大晶体取出并吸干水分，然后倒出溶液，洗净结晶皿，再将溶液和晶体放回去。就这样，一天又一天，这个晶体就会越来越大，我们也可以用各种办法来做这个实验，观察和研究不同的现象（图7）。

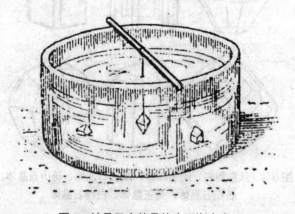

图7　结晶皿中的晶体会逐渐变大

在实验中我们可以看到，同一个结晶皿中的晶体形状完全一样，但是两个结晶皿内晶体对比起来并不一样。

我们可以试着将明矾晶体换个结晶皿放置，但这样的结果不是晶体溶化，就是晶体表面析出了一些乱七八糟的蓝色固体颗粒。如果用一些紫红色的铬矾来代替胆矾，情况就会发生改变。如果将明矾晶体放入铬矾溶液，铬矾晶体放入明矾溶液，就会发现这两种晶体会继续长大，但是明矾晶体的外层变成了紫红色，而铬矾晶体的外层变成了白色。

并且，如果将铬矾或明矾晶体轮流放入两种溶液，我们甚至可以得到一种有条纹的晶体。

现在我们可以做一个别的实验，将一些硼砂加入到明矾溶液中，明矾溶液同样会产生结晶作用，晶体同样会逐渐长大，只是形状和之前在水溶液中的不一样了。这种方法生成的明矾晶体不仅会有八个棱面，还有六个不规则的面。假如其他杂质的话效果也会是这样，只是生成的晶体的形态又会大不相同。

如果将明矾晶体其中的一个棱角打磨掉，再放回明矾溶液中，这个破损的棱角很快就会恢复，变成原来的形状。如果将它拿出，将所有棱角都打磨掉，将它弄成圆形，再放回到溶液中，最后它还是会恢复原来的外形，只是恢复时间和长大速度会慢一些。

一些学者用了很多种办法，做了很多实验来研究这个问题，最后得出结论：晶体的形成受某种规律支配。

有一种名叫测角计（图8）的精密测量仪器，它可以测量晶体的角。使用这种仪器测量过后，学者们很快便断定每一种晶体上角的度数是完全一致的。比如明矾，它的角无论是处于什么状态、什么时间进行测量，其值总等于54° 44′ 8″。

图8 研究晶体的仪器之一——测角计

学者们往往会将晶体切成厚度大约只有百分之几毫米的薄片，然后让光线透过，进行观察。这条光线在很多晶体中都会分散成性质不同的两条光线，于是学者们发现，晶体同样具有一些非常奇怪的特性，比如同一个晶体的不同面硬度不同，或者同一个晶体的不同面透光率不同，有的能够透光，有的却无法透光。

科学家们依据这些研究的结果发现了一个新世界的大门，他们认识到，这种按照某种特定规律生成的晶体在整个地球上是广泛分布的。

苏联的河岸边以及海岸边大都有花岗岩，科学家们对这些花岗岩中那些大粒的粉红长石晶体非常欣赏，在研究石灰岩和砂岩等岩石切片的时候，还要使用能够产生X射线的精密仪器将这些长石观察一番。经过大量观察，他们发现，不管是在黏土还是烟灰中，又或是在其他的物质中，晶体生成时的规律都是一定的。

研究晶体的生长是必要的，我们可以取几种盐类来进行实验，并且多想几种实验方式。比如将晶体的残片复原完整，或者让被打磨过的圆形晶体长出棱角，每天都要去看看它们，整理一番，就这样，我们才会明白晶体的规律。

4. 晶体和原子世界的构成情况

由于肉眼的限制，我们只能看到这个世界的一部分东西，就算我们的眼神再好，也会有看不到的小东西。山、林、人、兽、房屋、石头、晶体，这些都是可以清楚地看到的。然而，如果某样物体小到一定程度，我们就看不到了，这些我们能够看到的物体是由什么样的小物体构成的呢？自然界又是如何用元素构成的呢？这些问题我们用肉眼是无法观察出结果的。

现在想象一下我们能够将看到的东西放大几百亿倍，自己却像格列佛一样，依旧是原来大小，那么我们周围的景物比如山、海、城、树、石以及田野都会消失不见，我们会进入一个全新的世界。

读者们有没有去过那种树栽得很整齐的云杉林呢？如果站在这样的林子里，从两棵树的中间看过去，就能够看到非常远的地方。观察图9，如果你站在圆圈的中心，那么不管你向前，还是向左右看，都会看到一排排云杉树。如果你离开这个中心，然后再去看，你会发现在其他方向上出现了一排排云杉树，这个树林就如同一个树木做的大方格一般。

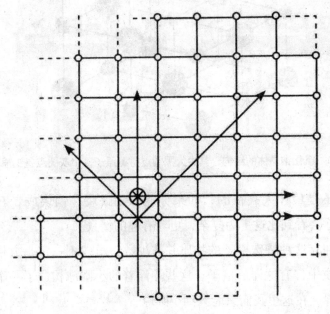

图 9　平面上的格子

这种有趣的情形其实在我们的这种假设下同样会发生，只是，这样的世界中就再也看不到什么真正的物体了，我们只能看到一些排列整齐的、无穷无尽的方格。

这种情况下，这些方格的延伸就不仅仅是前后左右了，还要有上下。每个格子的定点不再是云杉树，而是一些规则的球体，这些球体非常有规则地漂浮在天空中，相互之间的间隔也有大有小，或是几米，或是几十厘米。

其实在现实世界中，一些图书馆、俱乐部或是讲堂的大厅中都会按照这种方式悬挂电灯。现在，当我们身处这个世界时，就好像是在森林中一样。如果你发现了非常小块的食盐，那么你就会看到如图10所示的非常有趣的大方块。

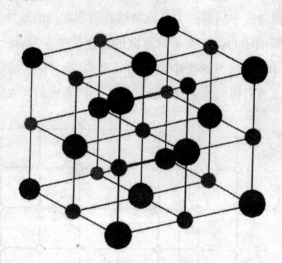

图 10　氯化钠晶体的结构，其中大黑圆点是氯原子，小灰圆点是钠原子

这还不是最让人兴奋的，如果你能够到铁块、铜块或者石灰石中去，那么你会看到比这更为复杂，更为有趣的情景。

其实拥有这种特殊格子的物质并非少数，虽然不一定是方格，但是每一种物质中都有这样的格子。这些漂浮着的小圆球构成了一个充满神秘感的世界，在这里我们只能看到小圆球。

在现在的这个被我们放大了的世界中，随便一个原本微小到难以看到的物体都会有几千千米那么大，手指的直径将会和彼得格勒到乌拉尔的间距相同，就连火柴的直径都会是325千米，这已经是莫斯科和博洛戈耶的间距了。

除了小球，这里剩下的就只有这些类似套环一般的格子和网了，其他的都看不到，这些小球就是组成物质的"点"。

现在我来进行说明：在这里所见到的那些非常规则、非常整齐、按照几何学排列的网格就是我们所说的晶体。我们的世界中这种晶体数量非常之多，那些拥有杂乱无章的排列方式的物质算是少数。

我们之前曾用结晶皿做过结晶实验，从实验中得到的结晶以及我们从山里找到的晶体一样，都是由这些规则格子构成的。现在，这些网格我们应该都已了解，不过我们对这个世界的了解不应停留在这个层次，如果想进一步探索，我们就需要再将这些景物放大1000倍。

到这个时候，我们就会发现这些小球的间距已经不再是几米、几十厘米，而是几百米、几千米了。这个时候我们就无法再看清楚那些小球了，它们变成了点。不过，在我们周围又会出现新的小球，在绕着某个地方旋转。

可以明显地看出这些小球是受了一种力的控制才会旋转的，如果它们从一个轨道变到另一个轨道时会发出闪光。在我们现在的眼中，这里就像是一个被缩小了的太阳系，这些小球就像是行星一般围绕着太阳旋转。虽然在我们的世界有数不清的城市、房屋、岩石和动植物，在刚才我们能够看到大大小小的方格，但是现在我们都将这些忘记了，因为我们现在位于院子的内部，这些旋转的小球就是电子。

但是，这样就真的是极限了吗？能不能再将周围的世界放大一些，从而使我们进入另一个新世界中呢？这也许是可能的，但是现在目前还不知道这样做后到底能够发现什么，这个新世界目前还是未知的领域。如果真的要进入这个新世界，我们需要再将眼前的世界放大几万倍，我们就会处于一个更加小的空间内了，我们将会身处原子核内的中子里或者原子外环绕运动的电子里。

现在将话题转回到现实世界，我们的这个世界就是由这些或大或小的原子构成的，它们之间有着非常协调和美丽的结构，这些原子无一例外都是按照几何学规律排列起来的。现实世界中，大多数都是晶体，这些晶体成型的规律统治着我们的世界。有一些比较大的完整且规则的晶体，这些晶体中的原子数目非常大，几乎算是天文数字了。如果想要表示出其中的原子数目，需要在1后边加上35个0。

当然，这世界并非只有晶体，还有一些其他的物质，这些物质的构造用肉眼同样是看不出来的；另外，还有一些类似金的水溶液或是烟灰等，它们的颗粒是由成百上千个原子组成的。

这些组成我们周围事物的原子大小并不相同，构造也是复杂的简单的都有，现在我们所知道的这种原子一共有100种左右。

　　正如刚才所说的，最简单且最小的氢原子和最重的铀原子区别是非常大的。

　　即便物质只有小小的1立方厘米，其中也含有非常多的原子。科学家已经懂得了这一"秘密"，在这一场较量中，获胜者是物理学家和结晶学家。本来《格列佛游记》只是一本小说，一个童话，现在却让它成了现实。

第三章

石头历史

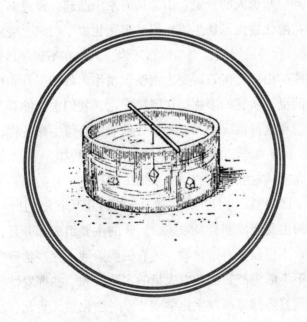

1. 石头的成长

　　石头的生命史一般都很特殊，并且跟生物的历史相去甚远，这一点我已经提到过了。它们的历史非常悠久，有时甚至会是几千万年或几亿年，于是，石头历史中很短的一部分是非常难看清变化的。不管是铺路的石头还是田野里的石头，我们都认为它们是不变的。但是，这仅仅是我们看不出它们的变化而已，这些石头都是在变化着的。它们受着日晒、风吹、雨淋、马蹄践踏等我们可以看到的作用，以及微生物的影响等看不到的作用，正在逐渐进行着改变。

　　如果我们拥有改变时间的能力，将时间行进的速度加快，将整个地球千百万年的历史用非常短的时间拍摄记录下来，那么我们在这几个小时内就会看到一些惊人的景象：山脉从海水中凸起，没过多久又变回到凹地；矿物在溶化物内迅速生成，但又迅速化成了粉末，变成了黏土；动物们只需要1秒钟的时间就会变成石灰岩，人也在不到一秒钟的时间内就能削平一座矿山，将矿石转变为钢铁，制作出各种工具和机器。在很短的播放时间里，所有的事物都在飞速变化，我们也能够看到石头的生长和衰亡了。在这种情况下，石头也会像一个获得生命一样，受着自然规律的制约。而矿物学，就正是要研究这些自然规律。

　　这些研究就从地底深处的"岩浆带（图11）"开始吧，"岩浆带"的温度要高于1500℃，并且压力非常大，约是几万个大气压。

　　岩浆带的主要组成部分是岩浆，岩浆的主要组成部分是一些非常复杂的混合物，不仅仅是有熔化物，还有一些溶液。这些物质在地下高温高压的条件下不断沸腾，夹杂着大量的水蒸气和一些挥发性气体。在这种条件下，岩浆内部逐渐发生化学变化，一些化学元素化合起来，形成了构成矿物的液态化合物。之后，岩浆开始进入距地表比较近的地方，这时岩浆会开始冷却，温度降低，其中的某些物质就会析出。由于这些物质的熔点并不相同，导致析出时会有先后顺序，那些先变成固态的物

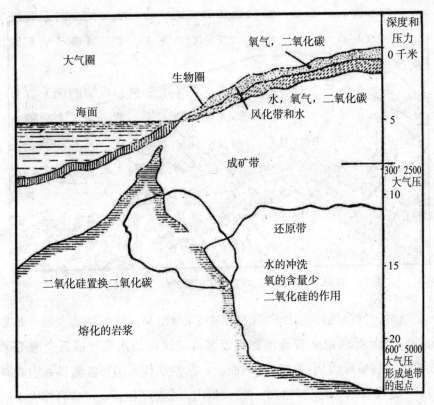

图11 地壳和各个地带的纵断面

质自然就浮在没有凝固的液体上或者沉到液体底。根据晶体的性质，这些凝固成固态的晶体会吸引其他未析出的同种物质，于是晶体就会越来越大，岩浆中的这种物质也会被分离出来（图12）。

这种作用继续进行，最后，岩浆就会成为很多种晶体的混合物，矿物们也因此堆积在了一起，形成了我们所说的结晶岩。我们看到的浅色花岗岩、正长岩，以及深色玄武岩，这些在很久之前都只是漂浮在熔化物上边的晶体碎渣，后来才形成了现在这个样子。岩石学是研究岩石在地底的一些活动和痕迹的，所以这些岩石总共能有几百种不同的名称。

岩石凝固前和凝固后的成分相去甚远，凝固前的熔化物中挥发性气体非常多，以至于都变成了气泡冒了出来。这个过程会持续很长时间，直到这些混合物完全凝固。当然，就算是凝固之后，这些固体中还是会残留一些气体，不过大部分还是逸出了。

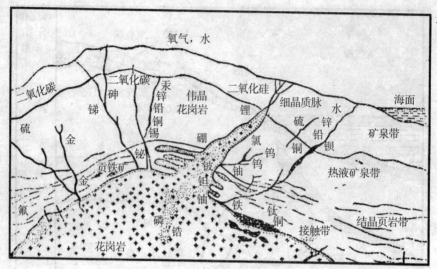

图 12 花岗岩纵断面,图中表示了岩脉的分支和各种矿物、气体

当然,就算气体逸出,它们中的大部分也是无法到达地表的,非常大的一部分都在地下被其他物质包裹着。这里的水蒸气最后会遇冷形成液体,然后顺着岩缝等涌到地面上,这些水就是温泉。温泉一边流淌着,一边冷却着,矿物自然也就慢慢析出,形成了沉淀,气体自然也不例外,要么随着温泉进入地表,接触空气,要么形成一些固态的化合物。

奥地利著名地质学家修斯认为温泉就是一种年轻的天然水流,是能够将地表生命和地底生命联系在一起的一个通道。其实,在地表的温泉并不在少数,它们会将地下的一些特有矿物质带到地面上,其中一些重金属硫化物就会附着在岩石缝隙的表面,然后在这里沉淀析出,形成了矿床,成为人们非常乐于采掘的矿产资源。其他的比如水、挥发性化合物、水蒸气、其他气体等都不会受到任何阻碍,于是不会变成沉淀析出,而是直接到达地面,汇入空气或者汇入海洋。在很久之前,这种情况就一直在持续,直到大气和大海形成。

空气和海洋的现有性质和现有成分,都是地球漫长演变的结果。

我们居住在地球的表面,上方是大气,里边有水蒸气、各种气体以及一些来自地面或者宇宙的灰尘。当高度在3000米以上时,这些大气就基本不会受到地表的因素影响了,在云层的更上方,空气中的氢含量比较多，再往上，到达我们能够研究得到的最高处，甚至能够看到氦气在极光中的光谱线。当然，下层大气就并非如此了，这里满是火山喷发形成的颗粒尘埃，以及被风卷起的沙子，这是一个特殊的化学生活的世界。

在这里有池塘，有湖泊，有沼泽，有苔原，这些地方的动植物腐烂之后，有机物会堆积起来，底部沉积的淤泥中同样也在进行变化，这种地方的铁会沉积形成豆铁矿，含有硫的有机化合物由于缺氧条件而被分解，形成了黄铁矿。在这里，微生物的作用缓慢进行，形成了很多新的产物。当然，在海水中这些作用的范围更广。

说过了水中和淤泥中，我们回到陆地。

支配着陆地变化的主要是二氧化碳、水和氧气。地面上的石英沙粒大量聚集，二氧化碳和钙、镁等金属产生了化合反应，硅的化合物被破坏，之后变为黏土。这些作用是在风力、阳光以及水和寒冷等因素的促进下进行的，在这种情况下，每一平方千米的土地上，每年都有50吨物质被破坏掉。

这种作用的范围非常广，能够波及非常深的地方，500米的深度下还能够看到一些破坏的痕迹。不过，超过这个深度后基本就无法见到这样的破坏痕迹了，因为这里是岩石生成的深度。

这些就是地球表面的非生物。其实在我们周围，每时每刻都在发生着化学变化，只是我们看不到而已：旧的换新，沉淀增加，矿物开始集中，被风化、破坏后又变成新的矿物，地表上的物质也会变成新的物质。不仅如此，海洋的底部、沼泽中的泥土、岩石河床、沙漠等这些都会消失不见，要么是被水冲刷，要么是被风带走，又或者被新的泥土覆盖进了地下。当这些情况发生后，地面上的物质就摆脱了这些作用的影响，进入到了深层地下的环境中，然后再次变为岩石。这些岩石将遇到此处的岩浆，然后被熔化，矿物再次结晶出来。

地球表面的物质就这样遇到了来自地底的岩浆，这些小颗粒都会按照这样的旅行行进无数次。这些石头都是"有生命"的，会和正常的生命一样生长、衰老，或者变成另一种物质和石头。

2. 动物和石头

我们现在已经知道动物和石头之间密不可分的关系了。有机体在地球上的活动范围其实并不算大，仅仅是一层非常薄的地带而已，这一层非常薄的地带就叫作生物圈。虽然已经有人在距离地面2千米的地方发现了微生物，南美的一种鹫能够飞到7千米，空气也能将一些孢子之类的东西带到10千米高空，但是生物圈的影响力非常难到达那么高的地方。就算在地面下，生物最多也只能在2千米深处活动。只有在海洋里，从海底到海面才都是生物的活动范围。

不过，就算只看陆地表面，生物的分布范围也已经算非常广大了。俄罗斯著名生物学家梅契尼科夫曾经研究过这些，看到他的研究数据之后我们才大概了解，其实生物们生活条件的改变要比地面本身的改变大得多。

曾经我在一本旅行日记中看到过这样一件事：某个旅行队在北极圈内的乌拉尔附近发现了一块细菌菌落，这块细菌菌落坐落在冰天雪地之中，还能保持非常强的繁殖能力，并且足以使北极圈的冰面上出现浮土。美国有一个名叫黄石公园的著名地区，在这里的温泉岸上有一种能够在70℃水中生存的，能够析出硅华的藻类。拿细菌来说，这种微生物能够存活的温度范围大概是-253℃～180℃。

生物圈的正中间就是地表了，在这里，有生命的有机体能够发挥出最大的作用。一些在地下生活的动物如蚯蚓、田鼠、蚂蚁等都在不停翻动着表层土壤，于是空气就更加容易进入土壤中了。在中亚，每公顷的土地中就有2400万只以上的如蚂蚁、甲虫等的动物，但是这还远远不够，微生物对土壤的作用更加巨大。土壤表层中，每1克都含有20亿～50亿的细菌，其作用无法估计，难怪法国化学家柏托雷会将土壤比喻成活的东西。

除了这些，还有一些生物会参与到矿物的生成中来。我们知道有一些小岛都是由珊瑚虫构成的，地质学指明了这一点，在前几个地质纪的时候珊瑚虫的尸体堆积成了长达几千千米的珊瑚礁，这种情况的起因是由于化学变化以及碳酸钙的沉积。

石灰岩是苏联境内分布最广的一种岩石，如果仔细观察它就会发现这种石灰岩中含有非常多的生物化石，比如贝壳、珊瑚、苔虫、海百合、海胆、蜗牛等等，它们都已经混杂在了一起。

当洋流相遇时，海洋经常会出现无法使鱼类和其他生物生存的新环境。当这种环境形成时，生物就会大量死亡，其残体沉积在海底，逐渐变成磷酸盐。经过观察这些磷酸盐沉积岩，可以得出结论：这种生物大范围死亡的情况不仅现在有，在很远的地质纪同样有。

有一些生物在活着的时候就能够产生矿物，将地球上的元素变成能够稳定存在的化合物，比如石灰质外壳、磷酸盐骨骼、硅质介壳等。还有一些生物是在它们死亡后，身体分解、腐烂，导致体内的有机物生成一些矿物。不过不管是哪一种，都是地质活动中的一大主要因素，这些矿物的特征都会受到生物界的影响，不管是在现在还是未来。

当然，现在还有一种改变矿石的主要因素，就是人类的活动，比如矿物的开采、工厂的加工，以及人们的种种使用方法，等等。

在生产活动中，人们并不仅仅使用来自地球的资源，还会改造地球。每年人类从地球上获得的铁约有一亿吨，其他金属也有几百万吨。正因为人们能够改造地球，才能人工生产一些自然中非常难找到的稀有矿物。

3. 来自天上的石头

法国的人们在1768年的时候曾经历过一次奇怪的天象，当时，有三块从天上掉下来的石头落在了法国境内。那些居民都认为这是奇迹，并不去管科学的解释到底是怎样。现在我来描述一下当时的情景吧：约是在傍晚5点左右，突然有一声爆炸声响了起来，本来无云的天空中忽然出现了一块不祥的云，然后就有一个什么东西狠狠地落在了荒野上。它是一块石头，掉落下来之后已经深陷在了土里，露出来的部分仅有一半。

农民们跑过来看，打算把这块石头挖出来，但是这块石头表面的温度实在太高，根本没法用手去碰。于是这些农民非常害怕，马上就离开了这个地方。等到过了一阵子，他们才又回来，这时这块石头已经不再高温了，颜色也变成了黑色。它依旧沉重，没有挪动半分。

巴黎的科学院对这块石头非常感兴趣，组织了一个调查团过来调查，其中就有著名的化学家拉瓦锡。不过，当时的人们并不相信这种事，于是就否认这块石头是从天上掉下来的。

不过，这种"奇迹"并非只有这一次，石头不断地掉下，并且还有人看到，这就确实证明了这些石头真的是从天上掉下来的。于是，有一些思想比较进步的人就开始反对巴黎科学院那些人的思想，其中就包括捷克科学家赫拉德尼，他甚至写了很多关于此事的文章。

除了这些比较正式的、比较科学的分析，也有很多关于天上掉石头的流言。有一些不明白真相的人还会将这种石头当作护身符，或者把这种石头的碎片当作治病的药。比如在1918年，从天上掉下的一块大石头落在了卡申市，这里的农民们将它敲碎后磨成粉，然后用来治重病。

赫拉德尼曾说：这种事情其实每年都有，这些从天上掉下来的石头叫作陨石，有时只是落下单独的一块，有时是像下雨一样成片落下，它们大小不一，小的如同沙粒，大的就不知如何形容了。这些大个的石头有时会砸坏房屋，引起火灾，伤及人身安全，或者就直接陷入地里，沉进水中。到现在，科学发达之后我们才发现赫拉德尼所说的的确是正确的。

北极地区基本是白雪覆盖，其他如城市、沙漠等地的灰尘也是完全无法到达这里的，所以这里应该是没有灰尘的才对。但是，这里的雪地中依旧有非常细微的灰尘，它们就是从天上掉下来的。如果对它们进行分析，就会发现它们的成分和地球上的矿物有很大的差别。有一些科学家认为每年从天上掉落下来的灰尘大概能有几万吨、几十万吨，足以装满几百节火车。当然，上边我们也提到过有很多陨石是非常巨大的。美国亚利桑那州有一个陨石坑，这个陨石坑的大概直径是1.5千米，可见落下的陨石有多大。不过，人们在这个陨石坑中寻找了非常长的一段时间，却只找到了一些陨石的碎片。经过观察研究这些碎片，证明这颗陨石大概是一颗铁陨石。如果这颗陨石真的是铁陨石，那么它含有的纯铁大概能有一千万吨，价值更是达到了五亿卢布，不过，亚利桑那州的这块陨石的本体一直没有被找到。

在世界的另一边，撒哈拉大沙漠中同样有一块非常巨大的陨石，它的碎片被一些阿拉伯人运走了。现在，关于这块坐落在沙漠中的陨石的说法很多，但都没有真正说明它到底是如何掉下来的。

1908年6月30日，一颗巨大的陨石掉落在了通古斯的卡河沼泽。在陨石落下的瞬间，整个东西伯利亚都出现了强烈的气流，爆炸使地面产生了在澳大利亚都能够检测到的强烈震动。这些年，苏联的相关人士已经对这块陨石进行了非常多的探究。

苏联的科学院在1927年成立了一个考察团，在矿物学家库利克的带领下前往了通古斯地区，当时这里的树林一片狼藉，树木已经全部倒下并烧毁。据当地的居民称这一切都是在一个晴朗的早晨发生的，陨石落下瞬间的情形非常恐怖，地面剧烈颤动，声音之大让人几乎失聪，树木全部被暴风刮倒，森林里的生物也全部在这一次事件中丧生。虽然我们现在仍不知道这块陨石现在究竟在哪里，不过我们坚信人们迟早有一天会找到通古斯爆炸的真相。

那么，陨石到底是什么呢？它们是从何处来到地球的呢？

陨石的外形我不必说，读者们大可去苏联科学院的矿物博物馆去看看，或者看一下插图。陨石的内部成分非常奇特，有一些甚至和地球上的石头很相似。不过，它们的外形虽然相似，成分却不尽相同，有一些陨石直接就是纯铁，或者有一些在铁中含有一些橄榄石。

不过，不管陨石的成分怎样，是铁质还是石质，都不是地球上原有的。所以，它们的确是从宇宙中或者其他天体上飞到地球来的。也许在月球处于熔化状态的时候，一些岩浆喷射而出形成了这些陨石，或者它们是火星和木星之间的，和行星一起围绕着太阳旋转的小星星碎片，又或者是一些靠近地球的彗星碎片。不过，这些都只是猜测，这些天外来客的真正来源我们至今无法得知，只能凭借推测和想象来描述陨石在宇宙中的历史。

等到将来，科技足够发达之后，一定能够解答这个谜题。不过，这并不容易，我们需要称为最优秀的科学家，将自己身边的东西研究透彻；不仅如此，我们还要将类似的现象进行总结，找出其共同点和不同点。法国著名的博物学家布丰在很多年前就曾经说过："思想来源于事实，我们必须去搜集这些事实。"这句话是非常正确的。

现代的矿物学家们就正在做这样的正确的事，他们搜集着从各处得到的陨石，研究观察它们的构造、成分和结构，并且和地球的岩石进行比对，做出一些推测和结论。

1868年1月30日，沃姆札省出现了流星雨现象，当时从天上落下的陨石多达几千块，并且全都是黑色的，呈现出熔化过后的状态。其中有一些掉在了地面上，有一些掉在了河水的冰面上，不过，即便是很薄的冰层，都没有被它们砸穿。

1867年，阿尔及尔落下了陨石，它们都是斜着落下的，速度非常快，甚至在一千米左右的地段直接砸出了一道深深的沟壑。一般来说，刚落到地面上的陨石表面都非常炽热，温度有时甚至会达到2000℃及以上。不过，它们的内部却非常寒冷，如果去触摸它们内部的话，手指马上就会冻僵。除了这种比较完整的陨石，还有一些陨石在下落的过程中直接就会碎成小块或者变成灰尘，像雨点或者尘土一样落到地面，这种情况下几千米范围内的地区都会被这种碎片或是尘埃覆盖。更有甚者，有一些陨石在下落过程中甚至会由于和空气产生的剧烈摩擦而爆炸。

现在，这些不同情况下的陨石碎片都已经被收集整理，放到博物馆中保存了起来。保存陨石最好的博物馆有四个，分别是莫斯科的苏联科学院矿物博物馆、芝加哥博物馆、伦敦的博物馆、维也纳的博物馆。

这种天上掉下陨石的事件屡见不鲜，不过都不能揭露陨石的秘密。

下面我放上一则消息，这则消息是苏联《消息报》在1937年10月27

日刊登的：

"卡因查斯"陨石送抵莫斯科

9月13日，一颗陨石掉落在了鞑靼斯坦共和国境内穆斯留莫夫地区和加里宁地区交界处的"卡因查斯"集体农庄，在落下的时候陨石已经成为碎片，分散在附近的森林和田野中。其中有一块碎片重约54千克，如果落下的距离再偏一些就会将正在工作的女庄员玛甫里达·巴德里耶娃砸死。虽然她距离陨石仍有四五米远的距离，但在陨石下落时的强风将她吹倒在地，并震伤了她。

与此同时，另一块重约101千克的陨石落到了森林中，将一棵树的树枝撞断了几根。由于这陨石掉落在了"卡因查斯"农庄，于是便被命名为"卡因查斯"陨石，它已经在不久前运到了苏联科学院的陨石调查委员会，并被编号为1090。苏联科学院曾经收集了不少相似陨石的信息，在所有同类型的陨石中，这一块是最大的。

和这块陨石一同抵达莫斯科的还有其他四块陨石，其中有一块只有7克，当时卡因查斯农庄的庄员都参与到了寻找碎片的行动中，这一块算是庄员们找到的最小块的陨石了。

今年的5月12日，有一块陨石落在了吉尔吉斯的境内，这颗陨石为石质，重约3千克。找到它的人是一个集体农庄的庄员，名叫阿列克—巴依·捷康巴耶夫，这块陨石也就被命名为"卡普塔尔·阿列克"，并运到了莫斯科，阿列克—巴依·捷康巴耶夫也受到了奖赏。

*   *   *

如果在11月出去看星空，我们会发现有很多星星正在向不同方向坠落，并且在天空中划出一道道亮光。这正是由于一些我们还不了解的天体从地球的旁边飞过去了，并且在进入地球大气层的一段时间内才会发光。

我们周围这种流星非常多，不过基本没有哪一颗会撞向地球。虽然从飞行的情况来看流星和掉到地面上的陨石非常相似，但终究不是同一种东西。不过，它们全部都是宇宙天体的碎块，都是我们看到的星空留下来的颗粒。

世界上并没有奇迹，它只不过是人们不了解的东西罢了。所以，我们需要去探索，去了解它们。

4. 不同季节的石头

石头会不会因为季节的变化而发生改变？它们会像一年生草本植物一样，还是多年生木本植物一样？又或者，它们会像鸟一样改变羽毛颜色，还是会像蛇一样每年蜕皮呢？

当听到这些问题的时候，我们的第一反应就是否定。我们会说：石头是死的东西，无法做到这些，春夏秋冬都是一样的。不过，下这样的结论在我看来还是为时尚早，一些矿物都要是在特定季节才开始生成的，也是在特定季节才开始变化的。

在我们身边就有一种特定季节出现又在特定季节消失的矿物，那就是固态的水，也就是冰雪。虽然听起来很怪异，不过这是事实。冰在某些地方非常像石灰岩、砂岩和黏土，同样可以是一个地区的主要岩石，雅库茨克附近经常会看到和其他岩石一层一层交叠的整块冰岩。如果我们住在-30℃到-20℃之间的地区，那么这里的冰就已经成为最普通的石头，依旧会形成山脉。当然，它融化后就是水了，我们在这种地区会将水当作最稀有的矿物。如果某地的冰川因为阳光的照射而融化，我们一定会非常高兴，就像看到了火山口附近熔化的硫或是温度计中凝固的水银一样有趣。

当然，季节性的矿物并非固态水这一种。在北极地区和沙漠地带，春秋两季我们都能看到这种矿物。在莫斯科附近的春天，春水流走之后能够在黑色黏土层上方看到大片的淡绿色绿矾，这是一种盐类，是黄铁矿受到富氧春水的氧化作用形成的，它们就像杂色花纹一样铺满了整个河谷的斜坡上。不过，在下一年的春天之前，只要下一场雨，就能够将这些绿矾冲得一干二净。

在沙漠中，这种变化更加令人惊讶。我曾经去到卡拉库姆沙漠，见到过这种变化。有一次，我看到了在这种环境下的，非常有趣的盐类。当天的晚上先是下了一场暴雨，第二天一大早，盐沙地的黏土表面上就铺满了一层雪白的盐，其形状有些类似树枝，有些类似细针，还有的就类似一层薄膜，踩上去就会发出沙沙的响声。不过，这种情况仅仅持续到了中午，在下午时分刮起了一阵大风，这些盐全部都被吹走了。傍晚的时候再去看，发现地面又恢复了本来的颜色。

中亚的盐湖中，比如里海岸边的卡拉博加兹戈尔湾中，矿物的季节性变化更加的明显。这个地区的冬季，千百万吨芒硝会从水中析出，铺在岸边，就像是覆盖了一层白雪。但是等到夏天，这些芒硝又会溶解在水中，消失不见。

当然，这还不是最奇特的。在北极地区有一种石头花朵，同样有着非常明显的季节性变化。沙皇时期，有一位名叫德拉威尔特的矿物学家曾经被流放到了位于北极的雅库特盐泉，他在这里观察矿物随着季节变化而发生的变化，整整六个月。他发现，在温度低于-25℃的情况下，在盐泉的边缘总会出现一些非常奇特的晶体，这种晶体名叫"水石盐"，呈六角形，在冬天的时候会化成晶体，但是到了春天就又会变成普通的食盐颗粒。德拉威尔特曾说："这种东西的美几乎到了哪怕只是在这种结晶上边走都会产生亵渎神灵的感觉。"

当我们看到德拉威尔特关于水石盐的发现以及研究的信时，真的非常感动。这种晶体形成于-29℃的盐水中，并且如果要确定它的硬度，需要在-21℃的低温中用它和冰块以及石膏相比对才行，就连德拉威尔特的那间化学实验室内，气温也已经低到-11℃。

下边这些就是德拉威尔特所写的，这种在雅库特地区发现的季节性矿物的资料：

我产生了一个想法，打算给这些水石盐晶体造型。我最先打算用石膏给这种晶体呈造型，然后再向模型中灌铅。但是，我这里只有在克孜勒吐斯得到的透明石膏，而这种石膏我根本不会拿来用，于是我就出去寻找别的石膏。我在距住处4俄里的地方找到了一些质量不太好的石膏露头，不过我已经非常高兴了，就像看到了糖一样。于是我将石膏取回，煅烧并弄成了粉末，最后过筛，弄了很久。不过，当我在用它们制模的时候问题却来了，将晶体放进石膏的时候晶体出现了碎裂，并且都熔化掉了。但是，石膏在寒冷的地方会凝固，根本无法完全包裹晶体。好吧，石膏都被我糟蹋掉了，做出来的只有一些可笑的残次品。现在石膏用完，我只能用茶匙了……现在唯一的解决办法就是使用奶油，但是这个地方的资源太匮乏，我们经常挨饿，我的那部分奶油早已吃光了，不过，幸好同伴还有，我在经过允许后使用了一部分，用奶油造型之后再灌入石膏。这样真的成功了，我得到了几个模型。我将它们放到了寒冷的地方等待凝固，不过在两个小时后，我过去看时发现模型都被老鼠吃掉了……我差点就哭了出来。

这里并没有其他的造型材料，当然，可能也有，只是我不知道该如何使用而已。就在这时，我突然有了一个想法，就是使用壁炉。这个已经半边塌的屋子中还有一个俄罗斯式壁炉，由于烟囱上的风门已经消失不见，所以火很旺。我戴着手套将这些晶体放在炉口（这些炉火热得手根本无法直接靠近），但是晶体都直接熔化掉了。在失去部分结晶水之后，晶体中有一部分的形状并没有改变，但有一部分已经像是洋白菜开花一般分出枝杈来，晶体的样子也已经完全改变……

在这几天内，我一直在壁炉前边站着，将实验条件换来换去，终于是找到了能够令晶体不变形的方法：将晶体放到炉口烘干。由于炉底有通风孔，结晶水可以从这些孔逸出。

这种位于雅库特的季节性矿物以及盐泉，在北西伯利亚的北极圈内开出的奇怪花朵就是这么研究明白的。

以上只是我讲的几个例子，这些都只是猜测了石头在不同季节时的变化。不过，如果我们用显微镜来观察并用精密天平来称量的话，其他的矿物同样会进行这种奇怪的变化，经常在冬天夏天变换形状。

5. 石头的年龄

如何得知石头的年龄？

"不能得知石头的年龄。"读者们一定会这么想。因为读者们都知道，测定动植物的年龄已经非常困难，更何况是已经存在了非常长时间的石头呢？在这些无法测量的时间内，它的起点和终点自然非常难测定。

不过，现实并非如此，某些情况下，我们看到矿物时就能知道它的年龄了。

我曾经去克里木旅行过一次，并且在那里研究了萨克盐湖的沉积层。那个湖中的淤泥都是黑色的，这种泥可以治病，上边覆盖着一层石膏外壳。当时我想将其中的黑色泥取出用来泥浴，于是便打算破坏掉上边包裹的石膏壳。不过，这层石膏壳却碎裂成了针状和尖角状石块。

我在这些小石块中看到了一些黑色的线条，于是便将它们拿去观察，将这些针状晶体进行了比较。我发现这些黑色细线都是水平出现在石膏壳中的，并且层次很是分明。其实其中的原因很容易得知，在每年的夏天，春水过后石膏都会生长，这些泥水流到了湖中后会沉积在石膏壳上，然后就会出现一层黑色沉淀，在侧面就会表现为黑色细线。于是，这种石膏壳每过一年就会留下一条细线，就和树木在生长时留下能够在断面上清楚地看到的年轮一般，没想到这里的石膏直接说出了自己的生命和历史——现在还不够20岁。如果观察这些暗色光谱线细线的厚度和白色部分的厚度，我们甚至能够得出某一年的春雨量和夏天的气温。

乌克兰的某些盐坑中同样能够发现类似的年轮，只是这些年轮要比刚才提到的粗很多。这地方的地面下有很多被电灯照亮的屋子，这些屋子的墙壁上都是一些色彩不同的横条纹，这些横条纹的间隔非常规则，同样相当于树木的年轮。这些年轮是在遥远的二叠纪形成的，当时的拍尔姆海沿岸上有非常多的盐湖，这些盐湖中的盐沉积下来，就形成了这些年轮。

当然，这并不是最有趣的，在苏联北部有很多带状黏土。在古代，从冰川上流下来的水汇聚成了湖泊和河流，这些黏土就是其中的沉积物，这个冰川在两万年前覆盖了整个苏联北部。

其中基础向南延伸了非常远的一段距离，几乎到了南西伯利亚的草原上。这些黏土根据颗粒的颜色和大小可以分为冬天沉积的和夏天沉积的，冬天沉积的部分颜色较深，夏天沉积的部分颜色较浅，就这样层层叠叠，大概能有几千层，正好是北西伯利亚的年代表。在地质学家看来，这些带状黏土就是一部记载、描述了北西伯利亚的编年史。

矿物学中，有一些测定石头年龄的办法，比上边的方法都要精准。很多的岩石矿物中都含有放射性元素镭，这种稀有金属是由其他金属衰变成的，它也会慢慢衰变成其他元素，比如铅。并且，它在这个过程中还会不断释放氦气。镭的衰变经历时间越长，生成的铅和氦就越多，于是，只要测定这种岩石中含有多少镭以及这些镭在一年中有多少衰变成了铅，根据这两个数据就能够推测这样的衰变持续了多久，于是也就能够推知岩石的形成时间。

我们现在大概弄清楚了，地球上最古老的岩石形成的年代大概是10亿~20亿年前。芬兰和白海沿岸的岩石大多数生成于17亿年前，苏联顿巴斯的煤层大多生成于3亿年前。现在将岩石的年龄测定一番之后，便可以排成一个地球年代表：

太阳系行星形成	5,000,000,000—10,000,000,000年前
地壳形成	2,100,000,000年前
地球上出现生命	900,000,000—1,000,000,000年前
甲壳类生物出现（圣彼得堡附近的蓝色黏土）	500,000,000年前
盾皮鱼类出现（泥盆纪）	300,000,000年前

石炭纪开始	250,000,000年前
第三纪开始以及阿尔卑斯山的生成	60,000,000年前
人类出现	约1,000,000年前
冰川时代开始	1,000,000年前
最后一次冰川时代的终结	20,000年前
精致石器出现	7,000年前
铜器时代	6,000年前
铁器时代	3,000年前
现代（公元前）	0年前

　　上边这份表格就是自然历史上一些重要时期的年代表，是根据岩石的测定而出来的。但是，如果再向更早的时间去推，那就无法推出来了。虽然科学家们都有很强的求知欲，但是他们并不知道地球和太阳出现之前的事情，并且上边表格中的数字也是推论出的，仅仅是接近真实情况的数字，我们读者自然也能看出来。现在仅仅立了一些标杆，打算依据这些去测量已经流逝的时间。不过，如果想要真正确定具体的时间，还需要付出非常多的劳动和脑力，在犯过很多次错误之后，慢慢修改表中的近似数字，让地球年代表越来越准确。只有这样，才能真正利用石头的编年史来认识地球的过去。

　　想要在实际中应用地球年代表，想要用动物和植物的年龄来测量已经流逝的时间，科学家们还需要做很多的研究。

第四章

宝石和有用的石头

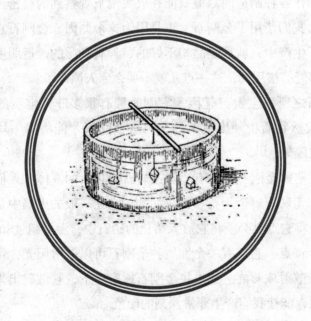

1. 金刚石

金刚石在宝石中算是最奇特的了，它是其他石头比不上的。它不仅能够发出彩虹全部颜色的光，并且硬度非常大，比其他天然物体要大得多，这也正是它被命名为"金刚石"的原因。虽然这样，我们还是能在珠宝店或者宝石博物馆外其他的地方见到它。玻璃工人切割玻璃的时候就要用到金刚石，一些工厂和作坊的加工工作需要非常细致，同样需要金刚石的尖角来完成。不仅如此，钻机这类工具中同样需要金刚石，用它在岩石上钻孔，在里边填充炸药然后实行爆破；在用薄锯锯钢板或是石头的情况下，需要将金属板打磨薄一些的情况下，金刚石粉都是最好的选择。我们能够在山中打通10~15千米长的隧道，用钻机钻到4千米深的地下，制作各种制造的划痕只能在放大镜下观察到的精密工具，这一切都是因为我们使用了金刚石。正是因为这个原因，金刚石总有一半以上被用在了生产中，就算是品相不好的、含有杂质的、透明度不高的劣质金刚石都能够被用到，这一点儿就不那么令人惊奇了。

金刚石之所以宝贵，是因为它同时拥有很多非常宝贵的特点和性质。它是天然物质中硬度最大的，只有金刚石才能将另一块金刚石切断、磨光或雕刻。[1]

能做到溶解金刚石的只有金属或岩石熔化后的液体，人们所了解的其他液体都无法溶解金刚石。不仅如此，它在一般的火焰中是不会燃烧的，如果想将它点燃必须将它放入熔化的硝石中，温度超过800℃才行。除了这两个特点，它还有一个性质：金刚石可以散射阳光，可以像雨滴那样将阳光散射成彩虹。如果将金刚石琢磨一下，它散射出来的彩虹就会非常显眼，能让我们产生非常深刻的印象。

虽然它有这么多的特殊性质，但是金刚石的成分非常简单，仅仅是

---

[1] 最近，聪明的人类已经发现了硬度超过金刚石的物质——碳化硼。这种物质是在炉子中人工制得的，在某些情况下的硬度甚至要大于金刚石，不过它的脆性很大。

碳这一种元素构成的。不过，它和烟囱中的烟炱以及铅笔芯中的石墨并不相同，只是由于碳原子的排列方式和这两种物质不同，它的性质和这两种物质的性质才会不同。

现在的金刚石已经不仅仅是奢侈品了，而是一种技术上的得力工具。每一颗金刚石晶体都是非常有用的，一些品相好的、纯净的金刚石可以打磨成钻石，一些比较普通的则可以镶嵌在钻机的钻头上或者做成雕刻用的针，又或者被研成粉末用来琢磨其他的坚硬宝石，以及其他的金刚石。从价格方面来看，即便是小一点儿的金刚石颗粒的价值要远大于同质量的金、铂等贵金属，约是它们价格的二三百倍之多，大粒的金刚石价值价格更高，比所有的稀有元素都要昂贵。如果想了解这一点，只需要听听这个事实：南非洲曾经采出过一块非常大颗的金刚石，名叫非洲之星，它的质量足有600克，在当时的价格是200万卢布。

目前，每年开采出的金刚石的总价大概在2.5亿金卢布以上，这个数字已经是每年产出的铜和银价格的总值了。

"非洲之星"

"非洲之星"是世界上最大的钻石了，不过它仅仅是金刚石"库利南"的一部分而已。这块矿石是在1905年的1月份发现的，发现者是南非普列米尔金刚石矿山的监督员佛列德维尔。当时他正在矿场散步，忽然看到有一个什么东西在太阳底下闪闪发亮，他以为那是玻璃瓶，但是走过去仔细观察了一下才惊讶地发现，这是一块拳头大小的金刚石。他因为发现了这块宝贝而获得了亿万美元的奖赏，这块金刚石也以矿山总经理的名字"库利南"来命名。

这名监督员发现的矿石是一块并不规整的金刚石晶体，重达3106克拉。不过，虽然它并不规则，也不完整，但是通体透明，非常纯净，并且呈淡蓝色，品级非常之高。不过，这块原石太大了，要想加工的话必须将它分成小块。于是，三位熟练的工匠开始了这个工程，整整工作了8个月，每天工作14个小时，终于是将它打磨成了9粒大钻石和96粒小钻石。

在这一百多颗钻石中，最大的四颗分别是：

"库利南Ⅰ"：呈梨形，重530.2克拉，有74个刻面，现在镶嵌在英国国王的权杖上，被称为"非洲之星"。

"库利南Ⅱ"：呈方形，重317.4克拉，现在镶嵌在英国国王的王冠上。

"库利南Ⅲ"：呈梨形，重94.4克拉，现在镶嵌在英国女王的王冠顶上。

"库利南Ⅳ"：呈方形，重63.6克拉，其实这一块和库利南Ⅲ本是一大块，后被分割专家割成了两块。目前，它被镶嵌在英国女王王冠的边上。

可以看出，这四颗钻石都为英国皇室所有。

这也难怪金刚石能够引起专家的注意了，上边这些就是最好的原因。当然，也正因为此，人造金刚石的方法以及金刚石在自然界中形成的原因也就成了非常有理论意义和经济意义的问题。

之前，印度和巴西出产的金刚石都是在河沙中寻找到的，所以人们只知道从河流冲积层中寻找金刚石，并没有人知道金刚石会出现在何种岩石当中。

不过到后来，在约100年前，南非的一个小女孩幸运地在沙地里找到了一颗金刚石，然后就从这开始，南非便成为世界范围内开采金刚石的中心，南非的居民也开始以开采金刚石为职业。

当地质学家到南非洲研究的时候，一般会注意那种漏斗状的巨大凹地，一般来说这种凹地里边大部分是一种名叫角砾云母橄榄岩的含有镁和硅酸盐的岩石。凹地的"漏斗"直接穿透了花岗岩以及上边覆盖了很多层的生成物，这也就预示着熔化状态的角砾云母橄榄岩曾经在升上地面的时候发生过大爆炸。熔化岩石中的气体和水蒸气先行一步冲出了火山口，紧接着便是熔化的岩浆。岩浆本来受到非常大的压力，当压力猛然间减小，就会汹涌地喷出。这些岩浆有一些在中途凝固，其他的则直接将外边的壳冲碎，并且将外边这些壳的碎片也一起熔化掉了。于是，这些岩浆最后都形成了一种类似玄武岩的暗色岩石。1.5吨的这种岩石中仅仅有不超过0.1克金刚石，并且极度分散。

那么，在这个过程中，金刚石是何时生成的，又是如何在这种条件下生成的？

研究者们关于这个问题已经争论了很长一段时间，并且做出了一些基于科学理论依据的推测。目前为止，金刚石的成因已经有了共识：它是从角砾云母橄榄岩的熔化物中析出的。岩浆在地底承受着巨大压力，金刚石在这时就已经析出了。

既然知道了金刚石的成因，我们能不能在实验室中模拟出现实中的条件和环境，从而人工制造出金刚石呢？

关于这一点科学家们早有尝试，打算用煤炭和石墨来制造金刚石。很多年前，科学家们曾在熔化的银子以及岩石中制作出了非常小颗的金刚石晶体，但是，那些非常大的金刚石晶体仍然没有做出来过。不过，这也就代表着我们局限在现在这个年代了。我相信，人们将来一定会有办法制作出非常大、非常纯净的金刚石晶体，并且数目众多。

如果这一天真的来临了，将会怎样呢？

到那个时候，人类的技术就会被全面改造，齿、锯、钻等工具或机械的关键部分都使用金刚石来制作，机器的性能将焕然一新，在岩石上打洞将是一件非常容易的事情。到那时，切割金属也变得非常简单，同样也会用到金刚石、金刚石锯、金刚石粉等来进行切割、加工和磨光。

我相信这一切最终都会实现，不过，这些想法直到现在还只是一些幻想。

不过，只要有这样的幻想，在不久的将来就会变成现实。法国科学幻想小说家凡尔纳笔下的那些新奇的幻想和情景，有很多已经在现实中成真了。

2. 水晶

如果将一块水晶和一块玻璃放在一起，那么，颜色和透明度相差无几的这两种物质是非常难以分辨的。就算是将它们打破后，棱角也都是非常锐利的。不过，既然它们是两种物质，就一定有差别：抓起水晶放在手中，过很长一段时间后水晶依然非常凉，但如果抓起玻璃放在手中，过一小会儿玻璃就会变暖了。古代罗马的有钱人在夏天经常会在家中放一些大个的水晶球，然后接触身体来让自己感到凉爽，就是因为这个原因。那么为什么摸着水晶会感到凉爽呢？原来，水晶的导热性非常强，手上的热会迅速传导到水晶里外的每一个位置。但是玻璃的导热性却很差，手上的热只会使玻璃的表面升温。

不过，不管古代罗马人到底懂不懂水晶的这个性质，"水晶"一词在希腊文中就意为"冰"，因为它和冰的确有些相似，这也就难怪罗马著名的科学家老普林尼曾在谈到水晶时会说："它也许是天空中的水蒸气和最纯净的雪化成的。"

石英是非常常见的矿物，沙漠中的沙粒、北西伯利亚的花岗岩中那些半透明的灰色岩石、磨刀石的碎块、乌拉尔出产的小型装饰或是杂色玛瑙、杂色碧石等，主要成分都是石英，其中透明纯净的一些才能称之为水晶。

大一些的水晶晶体，大部分是15千克~20千克重。不过，马达加加岛上产的水晶晶体能够达到半吨，乌拉尔北部地区产的水晶晶体有些甚至重达1吨[1]。正是因为如此，每一块水晶晶体就足以雕刻成想要的物件了，比如在莫斯科兵器库博物馆中摆放着的水晶茶炊，以及在维也纳艺术博物馆中陈列着的，雕工精细、格调高雅的水晶长笛。在瑞士和马达加斯加岛上，水晶一般会在地洞或者山洞中生成。不久前，有一位大

---

[1] 这些水晶晶体已经被运送到了莫斯科科学院的矿物博物馆中。

胆的苏联矿物学家深入了乌拉尔极北地区，并且在这里发现了藏有大块水晶晶体的"地窖"。

水晶可以说是非常珍贵且稀有的矿石了，并且，由于水晶已经在各领域广泛应用，我们就多谈几句。水晶是一种热的良导体，于是，在那些需要将热量迅速转移的地方就会需要并且使用水晶；水晶还具有一些很特别的关于电的性质，所以它又被做成零件应用在了一些电学方面的设备上，比如电学仪器、无线电工程的仪器等；水晶的硬度大、熔点高、成分纯、耐强酸，根据这几种性质，人们将其应用在了精密的仪器上；水晶在加热到2000℃的时候会熔化，形成类似液态玻璃的物质，可以进行各种加工，就像是加工玻璃制品一样制作出杯子、管子和板材等等物品。当然，前边提到过水晶和玻璃的外观非常相似，自然其制品也和玻璃制品非常相似。不过这些还是有本质区别的，如果是玻璃杯，加热后迅速放入冷水，玻璃马上就会炸裂，但是用水晶，哪怕是用石英制作的杯子就不会出现这种情况，就算将杯子烧红，扔到冷水中也不会炸裂。并且，将水晶熔化后用非常小的孔将液体射出，就会将水晶抽成非常细的丝，名叫石英丝。虽然玻璃同样能够抽成丝，并且还能够制成玻璃绒，用来代替滤纸或是装饰一些树木，但是石英丝确要比它细得多，单根的石英丝几乎是看不到的，就算500根聚拢在一起，看上去也只不过和火柴差不多粗细。

因为水晶晶莹透亮，古代的人就将它作为上等材料，比如用来雕刻图章或是制作一些工艺品。斯维尔德洛夫斯克市位于乌拉尔，附近的别列佐夫村中有一些擅长这方面的工匠，他们能够将石英的石子在车床上车成圆形，制作成珠子。将50到70颗这种珠子打孔后用线串起来，就能制作出闪亮晶莹的项链，就像钻石制作的一般。

随着工业和技术的发展，水晶的用量越来越多，用途也越来越广，于是人们就开始思考如何人工制得水晶，用人造的水晶代替天然水晶。既然我们能够用人工的办法，用炉子制作红蓝宝石，并且我们对这几千种盐类和矿物的了解都已经十分透彻，那么我们难道无法在实验室中制作出石英的晶体吗？

虽然整个地壳的六分之一是石英，并且由二氧化硅形成的晶体或者矿物有千种之多，但是我们仍然无法简单的制成人造水晶，直到前不久，化学家和矿物学家才找到人工制作水晶的方法。这个方法的发现者是意大利的某个科学家，他发现只有在特定的条件、特定的状况下，特殊的结晶皿中才会出现透明的石英晶体。这种晶体非常小，长度甚至不足1.5厘米，但这条道路显然是正确的，这已经非常令人振奋了。相信过不了多久，地质学家就没有必要冒着生命危险去阿尔卑斯山的山顶或者乌拉尔、高加索等地去寻找天然的石英了，同样也不需要去巴西南部或是马达加斯加岛寻找天然水晶了。到那个时候，石英工厂会将高温溶液密封起来，然后用白金丝析出透明的水晶，我们如果需要水晶的东西，只需要订货即可，矿山的工作人员也就可以让化学家们来代替了。

3. 黄玉和绿柱石

除了金刚石和水晶，有一些是如同泪珠一般透明的宝石，还有一些颜色各异的宝石，比如黄玉、绿柱石和电气石等。这些宝石中，透明的绿柱石是最好看的，人们称它为祖母绿，价值和金刚石相比不相上下。

这些宝石是如何形成的？形成条件是什么？

现在我们就来描绘一下它们的历史：

地球在远古时期的地质时代时造山运动非常频繁，花岗岩熔化过后的岩浆就在这一过程中逐渐凝固。举个例子，在我们给牛奶降温的时候，上边就会凝固一层富有脂肪的部分，花岗岩岩浆同样如此，它们会按照不同的成分从上到下依次排列，这就是岩石学中所说的分异作用。这个过程中，含有大量镁和铁的基性矿物会首先结晶析出，其他的岩浆则含有大量二氧化硅，也就是石英。这些岩浆中混杂着大量挥发性气体化合物、大量水蒸气以及微量的稀有元素。正是由于这些原因，花岗岩的表层已经开始凝固，但在表层刚刚凝固的壳上又会出现裂缝，这正是壳下边聚集的各种气体帮助其他熔岩打开的通路。这些裂缝中含有大量二氧化硅，渗透着大量水蒸气和挥发性气体化合物的岩浆大量聚集，这些岩浆在500℃~700℃的温度下，依据物理化学定律凝固结晶时，便形成了伟晶花岗岩脉。伟晶花岗岩脉一般呈树枝型向外扩散，从各个方向穿透花岗岩的岩体表面以及其他岩石的硬壳。

当然，这些物质已经不完全是熔化物或水溶液了，而是一种气体和水蒸气相互饱和的特殊混合物。这些物质的结晶过程和岩浆的凝固过程进行得十分缓慢，先是从岩脉的外壳，也就是和其他岩石接触的地方开始，之后慢慢移动到岩脉中心，使得岩浆的流动范围越来越小。这种作用的后果是生成粗大的颗粒，这些颗粒都是一些石英晶体和长石晶体，大概能够有0.75米长，还有黑云母白云母等片状岩石，也足有盘子大小。

在其他情况下，矿物会有次序地进行结晶，然后形成非常奇特的结构，就是我们之前提到过的文象花岗岩，也即希伯来岩。只不过，岩脉中的物质在形成文象花岗岩的时候并非完全变成了固体，岩壁之间经常会留有或大或小的空隙。在岩浆中的挥发性气体化合物和元素等会在这些空隙中结晶出来，这些缝隙中也就会出现漂亮的烟晶和长石的晶体了。

氧化硼蒸气凝固后就会被包裹在电气石的针状晶体中，也正是这个原因，电气石才有了黑、红、绿、粉等不同的美丽色彩，而氟的挥发性化合物在凝固后就会形成透明如水的淡蓝色黄玉晶体。

电气石和黄玉一般都有伴生矿物，这些伴生矿物大都是锂云母或是海蓝石。锂云母在大多数情况下是六面的晶体，非常巨大，含有钾、钠、锂、铷、铯。海蓝石有绿色和蓝色两种，其中含有铍。这四种宝石矿物在自然界中是相互交错的，并且由于伟晶花岗岩脉中含有氟、硼、铍、锂等元素，所以这些宝石既漂亮又有价值，它们中的任何一种都在宝石的生成过程中起到了作用。

有一些伟晶花岗岩脉中含有大量硼元素，所以这些岩脉中电气石含量非常丰富；有一些岩脉中含有大量铍元素，所以这些岩脉中含有酒黄色绿柱石，这些绿柱石在文象花岗岩的裂缝以及长石岩体的内部都能够找到，并且非常多。

伟晶花岗岩中，宝石们的形成过程和结果就是如此。

4. 宝石的过去

某些时候，我们回想矿物的历史时只能回忆起个大概。当然，某些有历史价值的石头可以从文献记录等文字或是口口相传的语言中寻找它的历史，不过有一些石头会向我们"述说"它自己的历史。现在我们就来谈一谈这块名叫"沙赫"的宝石起点为印度，终点为莫斯科的这一段历史吧。

这颗宝石的发现年代大约是500年前，地点是印度的中部。在那个神话时代的印度，哥尔贡达河的河谷中有数万名印度工人顶着烈日挖掘金刚石沙，并且用水冲洗，之后就在一些颜色各异的石英石块中发现了一块略微发黄，但是非常纯净的金刚石。这块金刚石长度约3厘米，被送进了邦君阿麦德那革王的宫殿中，这位邦君便将它收藏起来，和别的宝石一同放置在珠宝箱中。印度的手工匠人为了在它上边刻字，专门弄了一些金刚石粉末，然后用细小的棍子蘸着粉末在这块金刚石的某个面艰苦地刻下了"布尔汗—尼查姆—沙赫第二，1000年"这样几个波斯文字。同年（即1591年），印度北部的君王蒙兀儿大帝向各个邦派出了使臣，以巩固自己的统治地位，不过这些使臣在两年后回去时能带回的贡品非常少，仅有15头象和5件稀有物品。蒙兀儿大帝大怒，发兵攻打这些邦。他的军队攻占了阿麦德那革王统治的邦，并将阿麦德那革王的宝物掠夺一空，当然也包括这颗金刚石。后来，蒙兀儿大帝的继承者，号称"世界统治者"的德热汗沙赫得到了这颗宝石。他非常喜欢宝石，同时也非常懂宝石以及刻字，于是他便亲自在宝石上刻下了"德热汗吉尔—沙赫之子德热汗沙赫，1051"这几个字。

不过就在他刻字的时候，德热汗沙赫那个颇有野心的儿子篡夺了王位并将德热汗沙赫囚禁了起来，占有了德热汗沙赫所拥有的所有宝石，自然也包括了这颗金刚石。著名旅行家塔维尔捏在1665年游历的过程中曾经到过印度，他曾用语言描绘出了奥连格—捷布皇宫的豪华：

当我踏入德热哈—纳巴德的皇宫时，两名守卫宝物的人便引我去拜见皇帝。我按照礼节行礼后便进入到皇宫深处的一间小屋。这间小屋的中间有一个宝座，皇帝就坐在宝座上看着我们。除了皇帝，我们还看到了宝库的管理者阿克尔汗，当他看到我们过来的时候，就吩咐太监将宝物取来，给我们观赏。四个太监取来了两大木盘宝物，这些宝物显然很珍贵，因为这些木盘都是包金的，上边盖着用红色天鹅绒以及刺绣绿色天鹅绒的毡子。太监们将毡子掀开，将宝物清点三遍后又让三个管文牍的人记录下了清点后的宝物名称。

这一过程并不迅速，因为印度人做事情都比较缓慢。如果有人匆匆忙忙的，别人只会嘲笑他脾气古怪。阿克尔汗将一件宝物递给我，我发现那是一颗非常大块的，像是玫瑰花一样的某一边高出来一些的金刚石。这块金刚石大概重280克拉，颜色非常好看，侧面有一个小凹槽，凹槽中是光滑的平面。它是属于德热汗沙赫（奥连格—捷布的父亲）的物品，是米尔吉摩拉让位给戈尔贡达邦君的时候赠送的。德热汗沙赫十分喜欢这颗宝石，于是并没有打算展示给别人看，自己收藏起来了。当时，这块金刚石还未经加工，质量约是900"拉提斯"，差不多是787.5克拉。最开始的时候，这块金刚石上边是有裂痕的，对于裂痕的处理，东方人已经将它的每一面都磨光，但是如果欧洲人来处理的话，仅仅会去掉这块金刚石的一部分，这样的话剩下来的质量要比现在的重一些……

这颗金刚石就是著名的"奥尔洛夫"，它最后被镶嵌在俄国沙皇的王笏上。不过，现在我们的重点并非是这一颗。

他们又递给我一件宝物。这件宝物上边镶嵌着17颗金刚石，其中有一半被打磨成了玫瑰花的样子，另外一半呈片状。在这些片状钻石中，最大的一颗也只不过7~8拉提斯而已。不过，所有的金刚石中，有一块是例外，重约16拉提斯。这些颗金刚石颜色和光泽非常一致，并且非常纯净，在目前看来它们应该是最漂亮的金刚石了。在这之后，我又看到了两颗梨形的珍珠，其中一个约重70拉提斯，两面扁平；另一颗珍珠有点类似花蕾，质量是50~60拉提斯，这两颗珍珠不管是外形还是颜色都非常讨人喜欢……

塔维尔捏见到了非常多的宝物，不过我们最感兴趣的还是他对蒙兀儿大帝的宝座的一些描述。蒙兀儿大帝的宝座上装饰着大量的宝石，其中有每颗都超过100克拉的半卵形红色尖晶石108颗，每颗都有60克拉的祖母绿60颗，还有数不清的金刚石。不仅仅是宝座本身，就连宝座的华盖也是亮闪闪的，对着侍臣的方向还悬挂着一颗90克拉的金刚石和很多红宝石以及祖母绿。金刚石的位置正对着皇帝的脸，皇帝坐在宝座上就能够看到这颗金刚石，大概是用来辟邪的吧。我们最关注的宝石就是这颗，这颗可能是用来辟邪的宝石正是"沙赫"，它的两面已经被刻上了字，并且拦腰挖了一条绕金刚石一圈的深槽，能够用一些贵重的丝线、金线等将它系起。

塔维尔捏的帝国游历到现在已经有75年了，这75年内，这颗金刚石刚开始是德热哈—纳巴德所有的，再后来就转到了德里，最后在1739年，波斯得纳迭尔—沙赫击败了德里，于是这颗金刚石也从德里到了纳迭尔—沙赫的手中。于是，在100年内经过了两次刻字的金刚石，又被第三次刻上了"符拉底卡 卡德热尔 法特赫—阿里—沙赫 苏丹 1242年"的字样。

1829年1月30日，在波斯驻扎的大使，著有《智慧的痛苦》（又译作《聪明误》）的俄国著名作家格利鲍耶陀夫在波斯首都德黑兰被人刺死，[1]俄国人被激怒，俄国外交界要求波斯进行赔偿。波斯无法无视"高贵的沙皇"的怒火，于是便让霍斯列夫—密尔查王子率领代表团去圣彼得堡谢罪。波斯王子给俄国带来了一件礼物，这正是波斯王宫里最珍贵的宝物之一——金刚石"沙赫"。于是，这颗三面刻字的金刚石就被放在了一块天鹅绒上边，由三个卫兵把守，和其他宝石一同被放入了冬宫的钻石收藏室内。

在1914年，第一次世界大战开始后这颗金刚石便被转移到了莫斯科，这些宝物箱以及装有金银瓷器等箱子一同安置在了兵器库的秘密角落里。1922年4月初，这时的天气依然很冷，泉水不停地奔涌着，发出轰鸣声。我们披着暖和的衣服并将领子立起，然后走进了莫斯科兵器库。这里有五个箱子，其中一个被火漆印封住了，不过锁却并不难打开，钳工不费吹灰之力就打开了它。我们打开箱子后便发现了俄国沙皇留下来的宝物，不过收藏非常马虎，仅仅用薄纸包裹着。我们将这些宝石一一取出，并没有发现箱子里的宝石清单，所以也不知道它们是按什么次序放进去的。不过，有一块宝石是个例外，它被包裹在一个小纸包中，正是我们不断提起的金刚石"沙赫"。

这颗金刚石最后的奔波是在1925年的秋季，当时举办了一场"金刚石收藏展览会"，"沙赫"就是展品之一。虽然这件事已经过去了很久，但是当时的情形还历历在目，我们甚至能够想起关于它的一切琐事。

奥连格—捷布的宫殿，纳迭尔—沙赫的财富和收藏，这些和华贵橱窗中的宝石相比都黯然失色。这些宝石经历过世纪的更替和王权的兴亡，目睹过流血和屈辱，也见证了印度王公的统治、哥伦比亚山的神庙中的财富以及沙皇的奢华和欲望。

这些宝石中，在暗红色天鹅绒上散发着美丽气息的金刚石正是著名的"沙赫"，它将自己的历史留在了自己的表面。

---

[1] 英国外交官、狂热的神父伊兰和一些波斯高管的政治挑衅，造成了格利鲍耶陀夫的凶杀案。——原书编者注

第五章

奇怪的石头

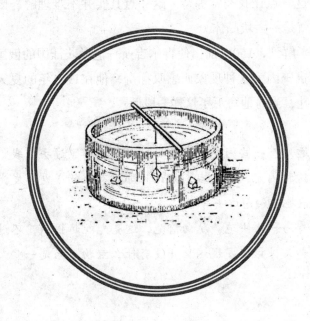

1. 大晶体

物质的生长会受到非常多的困难和阻力，这一点是毋庸置疑的。雪花和宝石都会告诉我们它们是如何冲破这些阻力，最后变成美丽的晶体的。在博物馆中，我们如果看到拳头大小或是脑袋大小的晶体都会惊讶不已，因为我们不相信还会有比这还大的晶体。

巴黎附近的石膏开采场我还有印象，在很久之前这里并不是开采场，而是一些小型盐湖，盐湖的底部逐渐形成了石膏沉积，之后这里才变成了石膏开采场。人们将石膏一层一层挖出，并将每层弄成块。这些石膏板块非常大，我曾看到过几百平方米大的，从和阳光成某个角度的地方看过去，它会在阳光下闪闪发光，不过如果在别的方向看，它又会黯淡无光，这一点让我非常惊奇。这一点其实并不难理解，因为这一大块石膏本身就是一大块晶体。

最近我了解到，150年前出使吉尔吉斯—恺撒茨汗国的俄国著名旅行家雷奇科夫也曾因为这种现象而感叹称奇，他在1771年的夏天曾经在奥连堡草原驻扎，当时他写下了这样一段话：

我发现远处有一些闪光，于是我便将视线移了过去。我们不明白为什么会出现这种闪光，不过我们都认为那里有宝物或是会发光的石头。于是，我们便抱着幻想过去寻找。

我们骑着马一路快跑，越向前跑，这亮光就越强烈，不过在我们到达目的地后却又惊讶地发现这里并没有什么宝物，只是一些大小不一的石膏块而已……

希望落空了，这只不过是荒地上的奇怪景象而已，只不过是晶体将垂直照射的阳光折射或是反射过来，使人们感觉有数不尽的宝藏似的。

除了石膏，长石同样能够生成巨大的晶体块。那么，到底能大到什么程度呢？答案是，大块的长石晶体能够供整个采石场开采很长时间。当然，充斥着水蒸气和各种气体的高温熔化物形成的伟晶花岗岩脉中通常含有大量的巨型晶体，伟晶花岗岩脉也是最大的晶体产出地。

1911年，乌拉尔地区出现了一个非常大的发现：伟晶花岗岩脉中出现了一个名为"伟晶花岗岩晶洞"的大空洞，这个空洞甚至能够容纳一辆马车。乌拉尔的当地人称这些洞里出现过漂亮的烟晶，大约有75厘米长。并且，洞中还有近似黑色的石英和黄色的长石，以及很多蓝色的黄玉晶体。这些黄玉晶体中较大的能够有30千克以上，不过由于开采时不小心，给碰碎掉了。这里边的黄玉呈淡蓝色或是蓝绿色，并不算是一些漂亮的宝石，虽然都是天然形成，却并不纯净，并不透明，看上去并不会让人非常喜欢。

除了石膏和长石，绿柱石的晶体块同样可以长到非常大，美国出产的绿柱石甚至能够达到5吨。绿柱石一般是六方柱体，坚固且美丽，在西班牙地区经常被用来做门柱。不过，这种大型绿柱石晶体一般都不是透明的，所以并不能称之为宝石，一般都是用来提取铍的。

纯净的绿柱石又叫作海蓝石，同样可能生成巨大的晶体。1910年，巴西南部发现了一块通体呈嫩蓝色的大型海蓝石晶体，十分透明，它的质量约是100千克，长度约50厘米，后来被分成了许多小块，于是一两年、两三年之内，市场上的海蓝石小块都是从它上边拆下来的，世界上的海蓝石装饰品也全部是由它的碎片制成。

祖母绿也和上边提到的这几种矿物一样，可能出现非常大块的晶体。比如苏联的某块重达2226克的祖母绿，这块宝石确如其名，颜色呈绿色，非常漂亮。不仅如此，它的身世也同样离奇。这块祖母绿是1834年在斯列夫祖母绿矿坑中发现的，当时的厂长是卡柯文，他将这块宝石藏了起来。不过之后，圣彼得堡的人来搜查他的东西，意外地发现了这块宝石，于是宝石被带到了圣彼得堡。卡柯文也进了监狱，没过多久就自杀了。

这块宝石在圣彼得堡也没能洗脱厄运变成国家的财宝，而是被丢在了比洛夫斯基伯爵的书房中，后来又被秋科秋贝公爵收藏了起来。1905

年，秋科秋贝公爵的世袭领地出现暴乱，宝石再次出现就是在公园里了，然后就辗转到了维也纳，最后又被俄国政府买了回来。于是，这块宝石颠沛流离的复杂生涯也就结束了，现在它被收藏在莫斯科科学院的矿物博物馆中，展示着它的美丽。

这块祖母绿旁边放着一块非常大的、重约5千克的变石，这块变石中一共有22块晶体，它们在白天是墨绿色，晚上却又变成鲜红色。

当然，世界上并非只有巨大的晶体，还有不少大块的石头，都是一些彩色石或是装饰用石的单一岩，比如墨绿色的软玉。这块软玉目前为止仍然存在于东西伯利亚的奥诺特河中，被河流不断地冲刷。它的质量达到了8~10吨，正在等着人们发现它，然后分解，制成所需要的物件或是用于工业。

在乌拉尔中部地区有一块质量约是47吨的粉红色蔷薇辉石，它的磨光工序非常难进行，人们花了好大的力气才将它磨光，制成了一个奇怪的石棺。这个石棺的质量"仅有"7吨，现在被收藏在圣彼得堡的彼得罗巴甫洛夫斯克大教堂的博物馆中。

1836年，人们在塔吉尔河下游的麦德诺鲁甸斯克地区发现了一块重250多吨的孔雀石。这块石头的搬运很成问题，于是人们便将其打碎，分成重约2吨的"小"块并从地里取出，用于装饰冬宫的孔雀石大厅。有人曾在西伯利亚的索格吉昂顿矿坑中发现一块重达90千克的云母晶体。并且，从某些矿坑中，还能够找到重约10~20千克的云母变种——白云母晶体。

均匀纯净的碧石单一岩非常大，一般的质量是10~12吨。

在彼得格勒的埃尔米塔日博物馆中收藏着一个非常巨大的绿孔雀石花瓶，其原料是一块重达40吨的绿孔雀石。这块石头非常难以运输，将它从阿尔泰的列甫涅夫采石场运出的时候动用了160匹马，这还是放在了圆滚子木上边后的结果。之后，经过了许多山路和西伯利亚大公路之后又穿过了卡马河、伏尔加河以及涅瓦河，最终抵达圣彼得堡。

芬兰的地下有一种名叫更长环斑花岗岩的红色花岗岩，之前我们提到过。它是世界上最大的单一岩，是圣彼得堡很多房屋以及美国涅瓦河堤岸和老式大教堂的建筑材料。

冬宫前院的亚历山德罗夫斯克柱子材料同样是单一岩，在加工成为柱子之前质量是3700吨，足有30米长。现在它的长度缩短到了25.6米，不过仍然是最大块的石头了，其柱子底端和顶端的天使加起来能有48.77米高。除此之外，还有一些人们都知道的柱子同样是大块的石头，比如以撒大教堂博物馆16.5米高的柱子以及架桑市大教堂13米高的柱子等等。

看完上边这些，再联想一下苏联出产的最大块自然金和自然铂（8395克）的质量，就足以得知苏联的矿产之丰富，也会明白那些单一岩、晶体和金属等到底有多大了。

2. 植物和石头

观察图13，这张照片中的东西是什么呢？到底是植物的化石还是长在石头上的苔藓？

虽然照片上的东西很像是松树，但不是松树，并且和植物毫无关系。这种外观上很像松树枝的石头叫作"松林石"，一般存在于成层岩中，当把成层岩劈开时，往往会在两层中间发现照片中这样的精美画面，有黄色、红色或是黑色的细枝条。这些细枝条的颜色通常是深浅不一，像是从同一根或是同一叶脉中长出来的。

这种情况会发生在岩石层的缝隙或是没有完全凝固的凝胶状物质中，前提是这些物质中流入了含铁的溶液。一些有技术的科学家曾经试着制作这样的纹路，然后在动物胶和胶状物质中滴入其他溶液，结果真的被他们制成了"植物"。当然，如果我们将牛奶滴洒在快要凝固的胶质物质上同样能够出现"植物"。

印度有一种出名的"苔纹玛瑙"，其上的图案和松林石如出一辙，是由绿、褐、红色等物质共同组成。这些小枝条同样形成了森林，树木

图 13　褐铁矿和锰的氧化物形成的松林石

和草，就如同水底的奇妙植物一般。在看过了上边的解释之后我们已经知道，含铁的溶液在形成玛瑙的物质处于凝胶状的时候滴落在了上边，这些花纹就是在那个时候形成的。

不过在很久以前，人们都以为这种东西是远古时期的植物或者化石，就连科学家也免不了做出各种错误的猜测和结论。不过到前一段时间，科学家们才通过精确的实验将这些物质在实验室中重现，这种物质的来源来便明朗了起来。当然，真正的树木、叶子、果实和根等的植物化石也是有的。

我们见到的石头很多时候是由远古的植物化成的，植物中含有的物质非常缓慢地被物质溶液代替，这个过程一般是有次序有规则的，我们又是可以在显微镜下看到被石化后的植物中那些细胞的构造。当然，一些树木已经全部石化了，要么变成玛瑙，要么变成玉髓或是燧石，苏联外高加索的阿哈尔齐赫的白色火山灰中就能够发现石化后的树干和树桩。修建巴统公路的时候，人们将这些植物化石全都扔在道边的山坡上，现在仍然可以看到它们。这些植物化石保存基本完好，仍然能看出根和枝条，并且每一块都有几吨重。

基洛夫市郊的田地中也经常看到这种石化植物，农民们称它们为魔鬼的橡树，一般将它们堆放在一起。不过他们不知道的是这种约100千克重的石头能够制作非常精美的小物件，比如小刀、烟缸、花瓶和盒子等等。

石头和植物的关系其实非常复杂，非常密切，于是在生物界和非生物界的界限上，在物体有各自的独特生活的地方，就有非常多无法解释的谜团。

3. 石头的颜色

当我们去矿物博物馆、彼得格勒埃米塔日博物馆或者莫斯科兵器库博物馆等地方去参观橱窗中的宝石，那么我们一定会惊叹于这些宝石的五颜六色和千奇百怪。自然界中这种宝石数不胜数，比如血红色红宝石、天蓝色的青金石和石青、黄色的黄玉、绿色的祖母绿和符山石等等，这些收藏在橱窗中的矿物都是闪闪发光的，并且非常纯净。

不过，拥有单一颜色的宝石并不能算是最令人惊奇的，因为有些石头居然会在一块上出现很多种颜色。我们用绿柱石举例，这种晶体有很多种变种，比如海蓝石和祖母绿等就都属于绿柱石，但海蓝宝石是介于浅墨绿色和深蓝绿色之间的，祖母绿是墨绿色，不仅如此，还有樱桃红色的红绿柱石以及一些如同水一般的无色绿柱石。

这绿柱石并不是最奇特的，电气石比它更甚。电气石的晶体非常长，于是两端的颜色就会出现差异。将它纵向切开的时候就能直观地看出颜色的变化了，每一层的颜色都不一样，有粉红色、绿色、蓝色、褐色、黑色等等。当然，矿物颜色改变还是有其他原因的，比如从各个方向看的时候由于晶体的特性使得颜色出现差异，这种情况在很多宝石中都会出现。将这种宝石拿在手里旋转着，就会发现它的颜色发生着改变，从有些方向看过去是蓝色、绿色或浅灰褐色，但是转到另一面又会看到深蓝或是粉红等颜色了。当然还有更加有差距的颜色出现，比如黄玉，在某些方向看黄玉会看到蓝色，但在另一面却只能看到酒黄色，这种情况的出现并非是黄玉本身的颜色发生了变化，只是黄玉的颜色分布比较特殊，看上去才像变色一般。

石头中的颜色往往都不是很规则的分布着，比如乌拉尔出产的紫水晶。这是一种紫色的晶体，但是将这种紫水晶放入水中后，它的颜色就会集中在某个地方，并且使紫水晶本身变成无色透明的。

除了观察方向改变就会变换颜色的矿物，还有一些矿物会在特殊光线的照射下显示出其他颜色，比如"变石"。这是一种出现在超基性岩中的矿物，比较少见，在白天是墨绿色的，但在阳光下是带一点儿蓝绿色的紫色，如果用电灯、煤油灯甚至是火柴的光线照射它，它还会变成暗红色。

我们对这种矿物的了解并不多，于是就出现了很多关于变石的传说。比如列斯科夫的一句话就是这样："变石在早上是绿色，但在晚上是红色。"

因为宝石的颜色鲜艳美丽，所以古代的人们将这些宝石叫作大地之花，并且为它赋予了非常高的价值。不仅如此，古代的人们甚至认为宝石有一些神奇的力量，能够影响人的活动，具有辟邪的功效。于是，他们将石头和性丑闻联系了一起，还认为石头的颜色可以代表人的命运。于是，当时的人们经常用石头来当刻字刻画的材料，也有人将宝石镶在戒指上或是用来装饰房屋。

当然，我们对宝石感兴趣的原因并非这些，而是由于它的美丽光泽以及会变颜色的特性；它是制作一些物品的良好材料，不仅可以做装饰品，还可以用来建造建筑。但是，我们在对它感兴趣的同时偶尔也会想，它们为何会有不同的、多变的颜色呢？

这应该是当代矿物学中最难解释的问题之一了。矿物之所以有颜色，是因为它并不绝对纯净，其中是有一些杂质存在的。不过这些杂质的量非常少，少到我们根本无法用哪怕最精密的仪器检测出这种杂质的含量，比如我们现在仍然不知道为何紫水晶会是紫色，为何金黄玉会是烟色。当然，我们还是了解了一些矿物出现颜色的原因，比如红宝石之所以是红色、祖母绿之所以是绿色是因为其中含有杂质铬，土耳其玉之所以是蓝色是因为其中含有杂质铜，红玛瑙之所以是红色是因为其中含有杂质铁，等等，但这远远不够，依然有更多宝石的颜色无法解释。当然，也有可能和杂质并没有什么关系，而是和构成矿物的分子和原子的规律有关，比如青金石呈蓝色的原因以及产自乌拉尔的"贵橄榄石"——也就是翠榴石——呈黄绿色的原因。

石头的颜色并非是永恒不变的，有的时候石头会自行改变颜色，就像是凋谢褪色的花朵一样，并且在某些情况下人工方法也可以使石头的颜色改变。古印度曾经有过一个传说：石头在离开土壤的时候是非常美丽的，非常显眼的，但是它在离开土壤后会逐渐褪色，尤其是在阳光的暴晒下。

乌拉尔地区那些挖掘宝石的农民们对此更是深信不疑，他们迷信地认为如果想要是挖出的宝石颜色不褪，就必须将它们在潮湿的地方置放一年，最好是置放在地窖中。这种想法在之前经常被嘲笑，不过现在来看也是不无道理的，宝石见光褪色是常事，祖母绿和黄玉的颜色会变浅。更有甚者，酒黄色的硅铍石甚至只要过一个月就会颜色全失变成无色透明的。

不过和下边这种矿物相比，祖母绿、黄玉和硅铍石都不算什么了。这种矿物只在印度、加拿大和苏联科拉半岛上的洛沃泽罗苔原有发现，刚一开始它还是深樱桃红色，但是只要将它打碎，在十几二十秒之内它的这种颜色就会完全消失，变成灰色的、没什么观赏性的石头。

我们并不知道在这短短的十多秒之内这种矿物中发生了什么，不过，如果将这种矿物放回黑暗中，过几个月之后它就会还原成原来的颜色几秒钟。这种矿物的名字是用科拉苔原最初勘探者之一的加克曼命名的，名叫加克曼石[1]。

当然，古代的人们并不知道这些，于是他们便使用染色或其他特殊方法来改变石头的颜色。

将石头人工染色自然有可行性，最一开始似乎是用玛瑙以及稍微浑浊一点的红色光玉髓实验出来的，这种光玉髓本来是有一些浑浊的褐色，但是放到火上之后就会变成红的，非常漂亮。2000年前，当时的希腊人和罗马人通常会将一些石头放在特殊物质的水溶液中煮上几个星期，以便使这些石头改变颜色，比如将玛瑙染色就是使用了下边的方法：先将玛瑙和蜜一起煮几个星期的时间，然后将玛瑙取出，洗净后再和硫酸同煮几个小时，最后就能够得到缟玛瑙，这是一种有带状条纹的黑色宝石。

最近几年，不光是缟玛瑙，就连绿、红、蓝、黄等颜色的带状条纹玛瑙也开始用这种办法制作，这种方法在目前已经是非常普遍了，天然颜色的石头几乎消失殆尽，因为这些石头的颜色大部分都是经过人工方法处理过的。

烟晶同样能够像这两种宝石一样改变颜色，很久之前，乌拉尔地区的农民就已经知道将烟晶放在面团中，然后将面团放在普通的俄罗斯式壁炉中炙烤，以使包裹在内的烟晶变成金黄色。当然，加热的时候要让烟晶受热均匀，这样才能使它的颜色渐渐改变。和烟晶相同，紫水晶同样可以通过这种办法来变成暗金黄色。

目前为止，科学家已经掌握了改变石头颜色的完善方法：使用镭射线或者石英灯的紫外线照射石头就会使石头的颜色发生改变，或者变得非常漂亮，比如将蓝宝石变成黄色，将粉红色黄玉变成橙色或者金黄色，使紫锂辉石变成鲜绿色，等等。这种改变石头颜色的工作在最近开

---

[1] 学名叫紫方钠石。——译者注

始盛行，所以我们可以预测到的是，不久后我们就能够自发改善宝石的颜色了，并且还能够得到天然宝石不会具备的色彩。

4. 液体和气体矿物

如果单看题目，很多人会觉得不太合理，毕竟在我们看来石头就是固态的，没有液态和气态。不过，这两种状态的石头是真实存在的，其中的问题仅仅是这些词语本身：我们所说的石头和矿物是地球在自然条件下生成的非生命物体和化合物，也就是说，不管是固态、液态还是气态，都属于这一大类，比如花岗岩、铁矿石、盐、沙子还有其他的无机物。其实，在物理学方面将物质分为固液气三态的条件就是常温，如果地球的温度并不是现在的温度，那么固液气三态的划分就会变化，自然界也不会变成现在这样。比如，如果地球表面平均气温下降20℃，那么水就会变成一种岩石——冰，然后液体的东西估计就只剩下石油以及非常浓的盐溶液了。当然，当气温继续降低，就连二氧化碳都会变成液体，可以四处流动。但是，如果将地球表面温度提高100℃，那么地球上将不会有液态的水，而是只有水蒸气了，我们将被包裹在滚烫的水蒸气中。当然，固体的硫同样也会消失，因为它变成了液态。

这些都并非绝对的，所以，我们现在可以来说一说在正常状态下的液体和气体石头。

大家都知道的液体矿物一共有三种：汞、水、石油。关于水，我们能说的太多太多了，所以我打算在后边单独拿出一章来谈论，现在我们就来谈谈石油和汞。石油的工业价值非常大，它是从深处开采出来的，需要将钻探器钻到很深的地下。

天然的汞我们所知并不多，不过某些时候可以在矿床上发现非常少量的汞。苏联的博物馆中可以看到有一些白色石灰岩和黑色炭质岩样品，其中就含有非常少量的汞滴。除了汞，镓这种金属同样稀奇，虽然正常状态下是固体没错，不过如果用手握着它，它马上就会熔化，然后在手提供的这一点热量下变成液体。但是，和汞不同的是，自然界中并没有天然且纯净的镓。

你们听说的液体矿物少，气体的矿物恐怕就更少了，不过，空气中的氧和氮便是气体的矿物，并且，水和岩石中都存在着大量气体。比如结晶岩的碎块、铺路的石头，这些之中都含有很多气体，如果光说体积，这些气体的体积比石块本身还要大6倍。每1立方千米的花岗岩中甚至含有2600万立方米的水，500万立方米的氢气，还有其他例如甲烷、二氧化碳、氮气等各种气体和挥发性物质1000万立方米。地壳中的状况也和花岗岩非常类似，不管是岩浆还是岩石，其中都含有大量气体，当温度高到一定程度，到达爆发温度的时候，这些气体就会向外喷涌而出，将挡住它们的岩石炸成碎片。

一些学者认为这种气体爆发正是火山喷发的原因所在，因为火山喷发时喷到地球大气中的气体量大概也是这么多。在远古时期，很多火山在人类还没形成的时代就熄灭了，不过在火山口和火山湖中，依旧能够看到二氧化碳气体的气泡，这些都是远古火山喷发过后的残留。

火山中含有的气体一般是二氧化碳或是可燃气体，二氧化碳会溶于水，生成美味且有益健康的碳酸矿泉，而可燃气体则是非常好的燃料。

美国已经开始着手利用这些可燃气体了，现在的美国已经发现了两万多个出气口，他们从这些出气口将这些气体收集起来。除了美国，在苏联伏尔加河下游地区同样发现了非常多的出气口，苏联工业上使用的优良燃料[1]就是从这里收集得到的。

在火山喷发的时候，还会有一些诸如氖、氩、氪等的惰性气体以原子的形式逸出到大气中，并且由于地球内部含有衰变性元素，于是每时每刻都有非常少的氦气逸出或是在矿物质中积累千百万年。但是，产生的镭射气和钍射气等却并不会存留多长时间，它们的"生命"非常短暂，会很快变成稳定的重原子。

---

[1]　在伏尔加河下游地区的气体会通过官道运输到莫斯科，供莫斯科的工业和居民生活所用。——原书编者注

　　岩浆无时无刻不在我们无法到达的地底翻滚着，这些岩浆中含有从宇宙诞生之日起就已经开始积累的能量以及水和挥发性元素。然后从地球形成的那一刻起，地核在漫长的地质年代中就已经一点儿一点儿失去其中的水和挥发性元素了，它们不停地深入坚硬的地壳，然后冲破地壳，进入大气层。由于这些原子比较轻，它们的运动速度非常快，甚至能够离开大气层，甚至脱离地球的引力范围进入宇宙。当它们离开地球后，地球上的这些物质自然就越来越少。

　　这些就是地球的流动性矿物的一些历史。

5. 软硬不同的石头

　　石头都是一样坚硬的吗？所有的石头是否只能用锤子打碎呢？有没有能用剪刀剪断的石头呢？

　　日常生活中，我们一般会认为石头都是一样硬的，但事实并非如此，如果将石灰石和石英来进行比对的话就能够发现其中的区别了，我们会发现石英要比石灰石硬很多：石英可以在石灰石上留下划痕或者直接切断，石灰石却无法在石英上留下划痕，更别提切断了。

　　石头的硬度其实并不相同，硬度最小的石头是滑石，就算用指甲去刮，都会在它上边留下划痕，并且，它还能够制成爽身粉。和滑石一样处于另一个极端的是金刚石，它是硬度最大的天然矿物。古罗马时有一个传说，说是有一个皇帝非常相信金刚石的硬度，他对奴隶们说：谁能用锤子将金刚石碾碎，谁就能获得自由。金刚石硬度非常大，这看起来不可能完成，但是我们如果真的实际操作一下就会发现，其实只需要用小锤子敲打一下，就足以将金刚石敲成碎块了。

　　不过就算是这样，金刚石的硬度也还是首位，怪不得人们用它切玻璃、雕刻金属和石头，或者用它来制作钻头开掘隧道贯通大山。其实，硬度和韧性并非是成正比的，这二者并不是一回事，金刚石硬度非常大不假，但是同样非常脆。有一些石头硬度虽小，但是韧性非常好，并不容易断裂。这一点其实从软木塞这个例子就能很容易地看出：剪刀能够轻易剪断软木塞，锤子却无法轻易将软木塞砸碎。

不过，玉这种宝石却非常坚固。在东方的人们看来，玉算是第二等的宝石，不过中国人却认为玉能够辟邪。

很久之前，人们在河边寻找小圆石的时候无意间发现了软玉，于是人们便发现了软玉的性质。

为了寻找软玉，人们去到遥远的地方，并且用它换来金子和其他宝石，还用它制作诸如斧子、刀、箭之类的东西。墨绿色的软玉是阳起石纤维和细丝一层一层交叠而成的，非常漂亮，并且硬度、韧性和强度都很大。其实这一点很容易看出：就算用大锤子使劲砸也无法从大块的软玉上边砸下一小块，软玉戒指掉落在石头地面上都不会碎裂，压碎软玉需要用到比压碎钢块的力还要大15%的力。

这些坚硬的石头在工业上的应用越来越广泛，这并不意外。天平上的指针是用玛瑙制作的，因为天平梁在摆动时无法将玛瑙磨损，一起和罗盘中的转动轴尖端一般要支在玉髓或是红宝石制作的孔，用来碾压皮和纸的轧辊是用碧石、花岗岩这种坚硬的石材制作的，助磨剂中漆面的石板和研磨的石球也都是硬质石头……

测定石头的硬度算是矿物学的主要课题之一，每一种收集矿物的收藏家都会被我们规劝去研究这个问题：哪一种矿物的硬度比较大。

6. 石头纤维

图14中的这种矿物非常特殊，它能够制作出非常好的、可以用来纺线的细纤维。这种纤维有耐火性，无法燃烧，并且密度比水大，放入水中后会沉入水底，它的名字叫作石棉。

图14　乌拉尔地区出产的石棉矿石

　　当然并非只有你们会觉得它奇特，人们发现它时同样认为这种石头非常奇特。很久之前，人们在山地中发现了这种石头，于是，一些千奇百怪的传说和神话也就此流传开来。古罗马伟大的博物学家老普林尼曾说："在蛇类遍布的印度沙漠中，有一种可以织布的石头。因为沙漠中干旱且燥热，所以这种石头已经习惯了在炎热的环境下生存。它可以制成寿衣，给领袖穿上后进行火葬，也可以制成宴会餐巾，就算放在火上也不会燃烧。"

　　此说法之后1000多年，著名旅行家马可·波罗同样记录下了石棉这种奇特石头："据说它存在于火蛇体内，所以在火焰中也不会燃烧起来。不过，我并没有能够找到这种能够在火中生存的火蛇。这种石化物是纤维组成的，非常像聚在一起的羊毛。把它们放在阳光下晒干并捣碎，之后用水洗去其中的杂质，剩下的东西就能纺线织布。它的颜色本来并不白，但如果在火中烧一段时间后，它的颜色就会变得非常白，性质也不会改变。当然，如果它变脏了，也可以不用水洗，放在火上烧一下即可，这样既不会将它破坏掉，还能让它还原成雪白的颜色。"这段话虽然不完全是可靠且真实的，但在古代已经有人开始使用这种东西来制作油灯灯芯以及制作一些织品了。

石棉得到广泛应用是在18世纪初，比利牛斯半岛和匈牙利在这个时候就已经开始使用石棉制作的灯芯和纸张了。福克塞曾经在1785年做了一系列足以引起轰动的石棉纸性质实验，很多人都对这次实验抱有极大期望：斯德哥尔摩科学院资助了他一笔钱，瑞典政府还授予了他在国王的作坊中进行实验的权利。这一实验曾经做过两次，分别是在斯德哥尔摩以及柏林。这个实验的内容大概是先准备一间屋子，然后在屋子的四壁盖满石棉纸，然后在屋子内放满刨花并点燃。结果是在这种石棉纸的保护下房屋的墙壁丝毫无损，于是便证明了石棉能够作为建筑方面的耐火材料。

与此同时，意大利的毕蒙特出现了一个生产部门，近几年来，爱丽娜·培朋蒂一直在研究着如何制作石棉织品，她最后的确成功了，用这种矿物做出了精细的花边。1806年，意大利工业奖励协会给她颁发了奖章，之后她再次制作成功了可以用来书写的石棉纸，意大利政府顾问莫斯家底就曾用这种纸写信寄给某个总督。

爱丽娜取用的石棉非常纯净，制作出来的石棉制品非常坚固，其中没有亚麻纤维，所以不用先烧一下来去除这种纤维。除此之外，她还用石棉制成了绳子、口袋、纸张甚至是袖口等物品。

之后的100多年内，世界上最大的工业种类变成了石棉的开采以及加工，每年的开采量超过30万吨。不过这个数字远远不够工业的需求，现阶段石棉的需求量逐年增加，并且在某些领域还不得不用石棉制品。不过，由于其坚韧结实，并且有极强耐火性，还能够和很多物质混合在一起，于是便可以将它制成棉花、细纱、板材、纸张等来用。剧院的帷幕、防火屋顶和隔板、防火服、汽车制动带以及纯酒精过滤器都是用石棉制作的，石棉现在已经是工农业各个部门中最喜欢的材料了。

以上就是石棉开采和加工的历史。

在俄国，石棉又叫石亚麻，关于它的工业起步要比国外早，发展历程也比较特殊。

1720年，有人在叶卡捷琳堡（现斯维尔德洛夫斯克）附近，培什马河岸边的暗绿色岩石中发现了它，当时的报告称"在一些非常奇特的天然产物和古代遗留物中发现了石质的麻丝"。之后在涅维扬斯克池塘边也发现了这种矿物，它非常的神奇，用手能够撕成非常细小的纤维。就从这两件事之后，涅维扬斯克便依靠这些矿物纺线织布，然后做成纸张或是如帽子、手套、口袋等织品，并没有用到意大利石棉产业的成就和发现。谢维尔金院士在19世纪初的时候曾经描述过这种非常有意思的制造业：

工人们需要将成熟的石棉进行捶打，然后将捶落的粉末洗涤并除去，将柔软的丝状物剩下。这种剩下的丝状物便是石亚麻，它可以和真正的亚麻混合，然后纺成线，但与普通的线不同的是，这种线制作以及编织的时候需要用到很多油，所以需要将它们进行煅烧，之后得到的石棉布才会变得柔软，可以洗也可以熨。这种布料一旦脏了就可以放在火上烧，烧过之后就又会变得干干净净。虽然石棉的制造已经中断，不过乌拉尔仍然有人掌握着制造石棉布的方法。

之后的150多年间，石棉产业已经没有了18世纪初的不完善，现在乌拉尔的苔原上已经兴起了非常多的石棉工厂，工人上千。在这里，拥有俱乐部、工人住宅区、工厂、矿坑和废料堆的小城市已经非常多了，石棉制造也成了当地最发达的工业之一。在这里，取出石棉后的废料非常多，到处都是喷着烟的机车和净化工厂呜呜轰鸣的电器，还有非常多的铁路和火车，用来将生产出来的石棉运送到巴热诺沃车站。

乌拉尔地区的石棉储量很大，能够支持整个世界的石棉工业使用几百年。它们并非像传说中那样生长在火蛇的背上，而是出现在一种叫作蛇纹岩的绿色岩石中。

7. 层层叠叠的石头

有一种名叫云母的矿物是可以用小刀切开的，切开后就会变成一片一片的薄片。不过，就算这些薄片再怎么薄，也还是能继续切下去，然后变得更薄。当然，具有这种奇特性质的矿物并非只有云母，滑石和石膏等一些石头都有类似的性质。人们早在很久以前就在工业和生活上用到了这些具有独特性质的石头，比如用云母代替窗户的玻璃。

玻璃这种东西在300年前还算是奢侈品，大块的玻璃片更是无法制作。在这个年代里，苏联北部白海沿岸的人们就会将云母开采出来，然后镶嵌在窗框上用来代替玻璃。比如安在克姆斯克大教堂的窗户便是使用了云母的，这种状况持续了很长时间。

之前的人们使用石膏的方法，和现在北极地区的人们使用冰的方法是相同的，在冬天的时候如果没有玻璃和比较透明的石膏，那么就会将冰镶嵌在窗框上。

之前，苏联产的品相比较好的云母都会向西方国家输送，当时的西方将俄国称作莫斯科国，于是这些云母也就被命名为"莫斯科石"。不过从这个时代开始，玻璃的生产状况发生了极大的改变，制造越来越容易，也就没有必要再用云母去代替玻璃了。但这并不代表云母失去了作用：由于云母能够阻挡电火花，于是人们将云母应用在了电工业上。这种矿物大量聚集在卡累利阿、科拉半岛以及西伯利亚苔原上的花岗岩中，所以并不难找，只需要找到能够将它们从花岗岩上取下的方法，比如用小刀切下来，等等，就可以将云母送到需要它的地方去了。

最近，人们掌握了其他金属的使用方法，比如镍、金、铂、银等，并且可以将它们制作成薄片。这种薄片非常薄，已经达到了透明的程度，金箔还会呈现浅黄色或是绿色。将一百万张这种薄片垒在一起也不过才一厘米厚。除此之外，人们还用热胶来黏合云母的薄片，之后用热压机压一下，就能得到非常大片的云母，也就是所谓的"米坎尼特"

（人造云母的意思）。这种云母和天然云母单纯从视觉角度是看不出区别的，不过它并不耐高温。虽然它不耐高温，却仍可以用作绝缘材料应用在电工业上。

8. 可食用的石头

这个世界上有可以吃的石头吗？

当然有，比如食盐，或者叫岩盐、硝石、苦土、芒硝等等。

我们可以就着食物或是做成药品吃掉很多种盐类，但是可食用的石头并非只有盐类一种，有很多非常让人不可置信的例子都能证明人们曾经吃过石头或是将石头入药。

中世纪的时候，有的人为了减少面粉的用量，所以在面包或其他面食中添加了和面粉外形类似的矿物。它们要么是本来就是土状，要么就是被磨成了粉，比如重晶石、白垩、石膏、菱镁矿、黏土或是沙子。这些物质当中，重晶石脆性非常大，制作重晶石的粉末非常容易，并且质量很大，所以人们就经常把重晶石的粉末放在论质量出售的面粉，尤其是小麦粉中。在德国，某一个时期内这种掺杂重晶石的现象非常多，所以当时的政府甚至下令不许开采重晶石。

从前的商人们为了减少成本多赚钱，经常将白垩、石灰、苦土等掺杂在牛奶或是酸奶油中，将明矾、食盐、黏土、白垩、石膏等掺杂在牛油中，还将石膏、白垩、重晶石等掺杂在干奶酪中，就算是巧克力或是可可粉这种东西都有可能被加了赭石、重晶石或是沙子。不仅仅是这几种，蜂蜜中同样可能掺有黏土、白垩、石膏、沙子、滑石、重晶石等物质，糖果和点心中可能掺有石膏、重晶石、滑石、黏土，白糖中可能掺有石膏、白垩、重晶石。

虽然这些矿物颗粒对人体没有损害，但是它们也没有营养价值。

历史记载中，人吃土的情况并不在少数，在古代的很多国家都发生过。

这听起来很诡异，不过地球上的确生活着喜欢吃土和岩石的人，在他们眼里，有一些岩石是非常美味的，他们也会因为吃掉了这些岩石而感觉愉悦。中美洲、哥伦比亚、圭亚那和委内瑞拉的居民中就有非常多喜欢吃土和岩石的民族，他们的食物来源并不匮乏，但还是会吃土。

非洲的塞内加尔的黑人喜欢吃当地出产的一种浅绿色黏土，他们认为这种土非常美味，甚至在他们移居到美洲后，依然寻找着这种黏土。

吃土在伊朗已经算是一种习惯了，不仅饥荒年代如此，就连丰收年代也是如此，市场上总有出售可以吃的土和岩石的摊位，对居民出售马加拉特和吉维赫出产的黏土。当地居民比较喜欢马加拉特出产的黏土，这些黏土呈白色，摸起来很黏稠，吃到嘴里还会黏住舌头。

古代的意大利也有很多人喜欢吃岩石，他们所吃的带有岩石粉末的食物名叫"阿里克"，原料是由那不勒斯出产的柔软泥灰石粉末和小麦粉的混合物。由于泥灰石颜色呈白色，于是这种饭同样呈白色，并且非常软。

在西伯利亚地区，当地的居民也会吃混杂了泥土的食物。著名旅行家拉克斯曼曾在18世纪末期来到这里，并且记录下了这种"奇闻"。根据他的记载，这种食物的原料是高岭土和鹿奶，被当地居民当作非常珍贵的食品，用来招待从各处到达这里的"尊贵的旅行者"。

上边的这些例子告诉我们，可以吃的石头种类并不在少数。且不论它们有怎样的营养价值，只说口感的话，这些石头中的某一些是非常松软、非常可口，可以给食物调味的，还有一些是能够当作药材来使用的。

9. 生物体内的石头

虽然我们已经提到和了解过，生物的生存和死亡都和石头有关，但由于石头是非生物界的一部分，所以我们仍然会将石头和生物以及生物体内的变化分在两个区域。不过，这并不是全部，动物体内同样可能有和自然界中矿物以及晶体完全相同的性质的石头，也就是说，在动物体内有时会含有真正的石头。

只需要动用显微镜，便能够发现动植物细胞体内的石头生成物。比如在植物细胞中，我们经常能够发现由草酸钙或是碳酸钙形成的晶体、合生体和球体生成物，马铃薯的细胞中我们还会看到蛋白质的晶体。植物体内含有的矿物质非常多，堆积的数量偶尔也会非常大。

和植物相比，动物不管是生病还是健康，其体内的矿物质生成物只会更多，并且更大。

健康的动物体内，比如眼部脉络膜中、坏死的血细胞中，甚至乳腺中都有非常小的结晶生成物。生病的动物体内，一些难溶钙盐的生成物会在动物的组织、体腔、导管等地方大量堆积，形成严重的结石。比如，如果肝脏和膀胱中有结石的话，会使人非常痛苦。

但是，上边提到的这些都并非是最奇特的，生物体内最奇特的石头是软体动物的介壳、放射虫的针和骨骼、珊瑚虫体内的间壁和外壳等这些物质。这些动物体内会进行大规模的碳酸钙沉积作用，陆地上的一些山峰和岩石等都是由于这些动物的碳酸钙沉积而形成的。

除此之外，还有一种沉积物会生成在包裹着珍珠质的贝类当中，这就是珍珠。不久前人们曾经做过关于珍珠的观察和实验，得知了珍珠的成分、形成过程以及形成环境。现在我们都知道珍珠是在咸水和淡水中生存的软体动物介壳中生成的，这也就意味着，只要是能够分泌珍珠质的，有介壳的软体动物，一般就会在介壳内生出珍珠。

珍珠质是生成珍珠的物质，成分和珍珠并无不同，软体动物的外皮在某种情况下会分泌珍珠质，并沉积在介壳上。如果此时有类似寄生虫或是沙子的东西进入了壳内，那么这些珍珠质就会在这些杂质外边一层一层生长，最后就变成了珍珠。

其实人们在很久以前就得知了珍珠的生成是因为贝壳内进入了杂质，于是人们便打算用人工的方法获取珍珠。中国早在13世纪就已经有人进行过这项尝试了，林奈又在18世纪做了一系列将杂质放到贝壳中的实验。其实到目前为止，中国的一些人们还会在春天收集贝类，将骨头、金属或是木屑等杂质放入贝壳，然后在几年后将裹满珍珠质的珍珠取出，然后卖钱。

这样获得的珍珠有时候并不匀称，日本的研究家御木本幸吉对此并不满意，他希望能够获得非常匀称的珍珠。于是，在经过了很多次失败后，他终于在1913年获得了第一颗人工培育的珍珠，他的事业也终于获得了发展和成功。于是，他收集了非常多上等软体动物，设立了养殖软体动物的培养场，并且进行观察和研究。在1938年的时候，他的培养场中的工人已经有500人。

御木本幸吉在英虞海和横须贺湾这两个地方建起了水下培养场，虽然这两个地方连接着大海，但是英虞海和横须贺湾都很小，所以不会受到强风和海浪的影响。他在分布着软体动物的海底放置了一些便于软体动物附着的石头，之后还定期清理对这些软体动物有害的其他动物，为软体动物的发育提供条件。很多被称作"海女"的日本妇女经常潜入海底两三分钟，在这么短暂的时间内将幼小的贝壳收集起来装在铁丝笼中，之后再沉入海底，只有那些已经长大的贝壳才会直接放在培养场中。

经过这些措施的保护，贝壳的生长便不会受到来自其他动物的侵害，并且还便于观察，如果这些贝壳的条件很不适合生长，还能将铁丝笼挪动位置。

贝壳长大后就会换到更大的铁丝笼中，然后在它们生长到三年的时候便会用御木本幸吉的方法进行处理，在不使软体动物的组织受到损害的前提下将珍珠生长所必要的表层剥下，之后用这层表层包裹住一小粒打磨成圆形的珍珠质小球，并用绳子系起，做成"珍珠袋"。珍珠袋做好后便将它放到另一个贝壳中，之后它便会变成珍珠。

这种方法是必要的，所以有一半的贝壳会死亡，并且这种操作非常精细，要掌握技巧，并且十分小心。不过就算这些条件都达到，成功也并不是百分之百的。

经过这样的处理之后，能够生成珍珠的贝壳以100~140个为一组放到大铁笼中，然后给铁笼标号，每60个铁笼一组用木筏吊起，然后每12只木筏一排，将这些铁笼沉入水底。这样一来，一排木筏大概就能够吊起大约7万个贝壳。

这些铁笼每隔半年就会取出并清洗一次，在贝壳生长的过程中，海水的温度、海流以及软体动物的食物——浮游动物等都需要进行研究和把控。这种方法能够为贝壳提供最好的生存条件，也就是珍珠生长的最好生存条件。当贝壳在水中放置7年之后，就可以从它们中取出珍珠了。

御木本幸吉告诉了我们用生物来获得石头的方法，他的做法已经非常新颖，不过之后的科学家们肯定会找到更多方法，然后利用动物来得到想要的石头，比如利用在盐类溶液中生存的细菌来获取硫，利用含氮废物中的微生活来获取用之不竭的硝石，又或是利用微生物给田地施肥，等等。当然不仅仅是微生物，植物同样可以帮助我们获取石头，比如养在湖中的硅藻可以在湖底留下蛋白石沉淀，还可以使湖水中充满铝元素，变成铝矿石溶液，这些方法的理论和实践都已经在进行了。

这种想法肯定会实现的，并且不用太久。到那个时候，就连细菌都将会为科学家和人类的智慧服务。

10. 冰花

冬天就这样伴随着冷空气到来了。早晨，当我起床后，就在窗户上看到了一些非常奇特的花纹，它们非常像枝条、叶子或是花朵，然后一起排列着，构成了一些漂亮的图案。在这些纸条的对面，还有一些垂下的纸条上同样长满了花朵。

雪花落满了地面，每到这个时候，我都要观察一番这些落在我袖子上的雪花，欣赏着它的美丽和六角形的轮廓。这个时候，河面上已经开始结冰，桥底下还会挂着类似乳头的冰柱。

　　冬天的景色看上去和矿物学并没有什么关系，但是我并非单单叙述着美景，我在说我如何在一个早晨看到了自然界中比较重要但是比较容易被疏忽的矿物——冰，并且我叙述了冰能够出现的形状。

　　窗户上的图案以及雪花的主要成分都是冰的晶体，不过由于它生成的速度太快，于是并没有来得及生成那种大块的规则晶体，仅仅是形成了窗花和雪花这种晶骸。不管是冰川中或是河面的冰，都是这种晶体形成的。

　　大家都知道冰并不长久，只会在气温低于零下的时候才会出现，并且它同样是地域化很严重的矿物，有一些地方基本见不到，而在有些地方却遍地都是。比如，南方就基本看不到冰，比如伊朗的首都德黑兰，人们会用黏土修建一些水池，然后将池子周围筑起高强，阻挡阳光的照射，如果在夜晚天气微凉，那么水池表面就会结冰，于是人们马上便会将冰收集起来，放到特制的地窖中并用黏土封好。

　　不过在北方或是极地，情况就会正好相反。这里，冰已经成为非常普通的岩石，也就是"石冰"，它们同样会出现在黏土层、沙层和冲击层之间，和普通的岩石并无二致，于是，在这里可以用冰来代替玻璃。美国的极地探险家斯蒂芬逊在加拿大位于北极圈内的麦德河流域曾经观摩过爱斯基摩人的房屋，他说那些屋子的窗上镶嵌着美丽的冰片。

　　虽然冰很常见，但是我们对冰的研究非常少，所以我们经常会碰到说不出形成原因的冰。现在我就来说一说这些让人一筹莫展的冰吧。

　　我们曾经去过希比内苔原，这是一个位于北极圈内的地方，在这里发现的一些现象让我们记忆深刻。比如，只要前一天的晚上是晴朗的，那么就能在第二天看地上长出了很多针状的冰，这些冰非常像是直立的茎，在阳光下闪烁着光芒，非常好看。在每一根冰针的尖端都有一些沙子或是砾石等小石块，是从土地表面顶起来的，正是由于这些沙子和砾石的遮挡，在远处想要看见冰针并不容易，只有在近处才能观察到下面的冰针。

　　这些冰针长短不一，1～2厘米的也有，10厘米、12厘米的也有，这和它所处的位置有关，如果它位于风吹不到的地方比如大石下面或是一些地表凹陷处，那么它们就能长到非常长。不过，虽然长，但是很细，每一根的直径大约只有0.25毫米或者0.5毫米。

冰针一般都是像柱子一样成片生长着，上边顶着同一块砾石，少有独立的一根。不过，那些位于12～15厘米的石头下方的冰针却并不是一丛一丛的，而是均匀分布在石头的边缘，就像镶了一条边。除此之外，有些石头太重，所以冰针没有能力将整块石头顶起，于是就只顶开了其中的一侧。

这种晶体在其他地方比如北方和温带的地方都是比较普遍的，并不是只在希比内出现，比如古比雪夫省的布古尔马地区以及阿木尔都曾出现过这种冰针。一些研究者在阿尔卑斯山上发现了冰针，不仅如此，就连瑞典的沼泽中也会出现冰针，它们的形状并没什么区别，同样细小，同样一丛一丛地生长着，上边顶着沙子或是砾石。日本也经常见到这种形状的冰，在日本人口中，它们被叫作"霜柱"。

这些细小的冰针只要合在一起就能爆发出巨大的力量，比如将砾石挪动位置。它们将砾石顶起，之后当它们被阳光照射熔化后，砾石便会再次落下，不过却不再是之前的位置了。于是，就这样一天又一天，有冰针的地区就像是被分类了一般，土壤中较大的颗粒全部被冰晶顶起，顺着黏土表面移动到了东边。

那么，这种冰针是怎么形成的呢？这个问题的答案有很多种，不过目前还是没有任何一个答案能够完美解释这种美丽且奇特的现象。

在契卡洛夫附近的伊列茨堡（我曾在一篇谈到盐的短文中提到过这个地名）有一个废旧开采面，这个开采面中充满了水，现在是一个盐湖，一些患病的人都会在阳光明媚的时候在湖岸边聚集。这里的湖水含盐度非常大，在里边浸泡着的人都不会沉到湖底去。在这个湖的西边岸上，放眼望去都是一些白色的岩石，这些岩石正是结晶盐，由于盐湖的浪经常冲刷这些岩石，于是它们便有了非常独特的轮廓，经常出现一些洞穴或是凹陷。

这湖的表层湖水非常热，据地质学家雅切夫斯基的测量，得知这湖水表面的水温大概在30℃以上，7月份的白天甚至能够达到36℃。不过，虽然表面是这种温度，不代表底层也是这个温度，这里的温度随着水越来越深，变化非常之快，5米深的地方就已经不再温暖，在这里，水的温度仅有-2℃到-1℃。再往下的话，到20米深的时候，就算是在夏天也只有-5℃，已经是非常寒冷的世界了。

在这种奇怪温度下，湖水中会生成非常有意思的矿物。众所周知冰都是从湖面向湖底生长的，但是在这里，冰却是从下向上生长的，这是多么诡异的一件事。不过，这还不算什么，在湖的东北方有一座石膏山，这里有更加奇特的现象，引起了我们的注意。

石膏山的南麓陡坡上有一排房屋，这些人们会用石膏岩石来搭建冰窖。因为他们发现，石膏壁的裂缝中会往外冒冷风，如果紧邻着石壁建造房屋，就会变成天然冰窖，无须人工制冷。我对此感到很疑惑，曾经去里边考察，于是，这种现象彻底让我感到惊讶了，毕竟这是夏天，这里边还是这么冷。

这显然和盐湖或是盐矿床有关，因为在山的北边和西边并没有什么冷风吹来。

至今我们仍不清楚这种现象的成因，不过说到天然冰窖，我们又会想起和这里类似或是有关系的另一种情况，也就是坐落在乌拉尔的孔古尔冰洞。在远古时期，地下河流经过了这个地方，于是在这里形成了颇为复杂的地下通路，这也就是这个冰洞的成因。冰洞洞口的地方有一些非常大的空间，就像是一个个大厅一般。其中的一个洞名叫钻石厅，虽然这里没有真正的钻石，样子却和真正的钻石厅同样美丽：在这里，所有的装饰都是冰晶和冰花。雪花同样是冰花，但是我们需要借助放大镜才能够看清它的形状，这里的冰花却足有手掌大小，不用放大镜就能够看得清清楚楚。这种六角形的冰非常精致，是很多细针和薄片交叠在一起构成的，就像是贵金属组装成的艺术品。它们中有一些像是下垂的花环，有一些又像森林一样将整个洞壁铺满，如果用灯或是蘸过煤油的麻絮点燃后去照射，就会看到它们闪闪发亮。冰作为地球上真正的结晶矿物，本身就十分美丽，在这里则展现到了极致。

当然，冰还有很多种形状。读者们可以观察一下冬天在窗户上出现的羽毛状冰花，用放大镜观察雪花，在夏天研究冰雹并画出它的形状，然后在山中旅行时能够研究一下夹杂在石头的冰，考究一番它的历史。

如果能够展现出足够的主动性和兴趣，那么，我相信读者们一定会对这个自然有一个深刻、清晰的认识。

11. 水的历史

关于水这种矿物，似乎并没有什么新鲜的东西可以说了，我们已经习惯了它的存在，雨水、河水、湖水、海水等在我们看来都很普通，于是我们也不可能会去想水的形态有没有发生过改变，在某个地质时代水是不是和现在一样重要等这些问题。

最是普通、最是常见的现象我们最不会去重视了，这种情况很普遍，不仅存在于日常的生活中，就连科学中也是如此。一个最简单的例子，只有像牛顿那样有探索和发现的眼光，从树上落下的苹果才会成为一个刺激他去思考现象背后的引力作用的契机。

拉瓦锡在100多年前表达了自己对水、火的一些看法，他的这些看法完全背离了当时那些主观观点，而正是这些类似"异端邪说"似的看法，告诉了人们水其实是由两种气体元素组成的。

拉瓦锡曾经想象过地球温度下降后会出现的情景，在这种情景下，地球表面将不再是现在这个样子，那些流动的水将不复存在。比如，地球下降到了木星那个温度，那么所有的水都会结冰，不仅如此，就连一些气体都会凝结成固体，于是便出现了一个新的、和现在截然不同的世界。如果我们处在这样被冰川包围的环境下，那么我们大概是不会知道流动的水是什么样子了。拉瓦锡这样设想了水在地球形成和地球生态保持中的意义以后，花岗岩和水之间的界限也就变得越来越淡了。

在水资源缺乏、没有生命的情况下才能准确地估算水的价值和意义，从这样看来，这和人们在缺水的时候才知道水的宝贵其实是一个道理。不过，由于现在有很多书都是主要探讨水的，甚至有一些是全部都在探讨水的，那么我们对这一点就不多谈了，我们来说一下水的来源、水遵循的自然规律以及水的未来吧。其实在很久以前，理论还没有现在这么发达，人们就已经想到了这些问题：水是如何生成的，以及水的命运究竟是怎样。虽然到现在这些问题依旧有人提出来，不过方法已经改变了很多，因为现在的这些问题是科学家在实验室提出的。

需要科学来解释的，关于自然的谜团都是从古代流传下来的，并且直到现在，我们仍旧在寻找着一些问题的答案。科学中其实和生活中是一样的，有一些遗留下来的观点能够长久保存，能够保持不变，都是因为习惯以及它的历史性。

其实，水的最古老开端是在荒漠中：

在这个时候，地球每个地方的温度都不一样，地球上还没有或是只有一小部分海洋，地球的表面有大片的陆地，陆地上有数不清的火山和温泉，这就是最开始的地球。在太古时代，地球上开始出现暴风雨，这些暴风雨响声非常巨大，震撼着整个地球的大气。这些凶猛的雨水将一些岩石击碎，并把它们的碎屑从荒凉的山谷冲到同样荒凉的平原……阳光的温度非常高，这些地方都被晒得焦热，就算是温度较低的山顶也无法将蒸汽凝结成云彩。在这个时候，海或许还没有形成，也或许已经在这年轻星球上的一些凹陷地带产生了雏形；地表非常薄，这一层薄薄的地表下就是被封起来的滚烫物质，这些物质正是岩浆。它们偶尔会从裂缝中涌向地面，形成汹涌的岩浆流，为之后的作用轮回带来新的岩石，并且将水蒸气从地底喷向外界。我们所知的海洋，就是这些水蒸气形成的。

这段文字出自莫斯科的巴普洛夫教授在1910年的、关于太古时期地球还没有水之前的样貌描写。在这一时间段内，地球是一个周围包裹着大量沉重水蒸气和气体的炽热球体，在这个时候，地球的温度甚至高于350℃，于是根本不可能形成如此广阔的海洋。不过，地球在很长一段时间中慢慢冷却了下来，水蒸气也开始凝结成液体，变成热水在地表流动，于是，在这炽热的大地上就出现了一股股热流，也就形成了最开始的海。这个海中除了水蒸气凝结成的热水，还有岩浆带来的挥发性物质。就从这一刻起，地球上的原生水就开始在这海洋中汇集，这些水，也是能够让病人恢复精力的矿泉来源。谁知道在这些水中有多少是太古时期生成的呢？谁能确定这些水都是太古大气的成分呢？海洋在出现之后就逐渐地扩大，并且，长久的复杂地质运动使海洋的成分、形状和大小都发生了巨大变化，于是我们现在看到的无边无际的海洋，正是地球历史变迁的结果，而科学家们的任务，就是研究这片大海中包含的秘密。

科学家哈雷在1715年曾经问起过为何海水是咸的，并且为了这个问题而去海洋的历史中寻找这个问题的答案，这种做法无疑是正确的。

海洋在形成后并不是一成不变，它的内部仍然在进行一些化学反应。海水不断在自然界中循环，将溶于水的物质汇入海洋，并且将较重的难溶物沉积在海底。同时，海中的生物也在进行着生命活动，这些生命活动会使用到一部分化合物，然后将另一部分化合物留下。于是，就这样过了很多年，海水中的盐类便越来越多。

其实，这种作用是没有中断过的，直到今天还是在进行着，每年都会有成百万吨上千万吨的可溶物质汇入大海。美国地质学家克拉克曾经做过一些计算，他的计算结果显示，每年由河水汇入海洋的可溶盐类大约有27.35亿吨。根据这个方法，焦利打算计算海洋的年龄：海洋中拥有总计33000万亿吨氯化钠，每年汇入海洋的氯化钠约是1.1亿吨，用前一个数字除以后一个数字即可得出海洋大概的年龄。

众所周知，地表水在不停地循环着，江河湖海中的水变成水蒸气上升，其中还夹杂着一些溅起的小液滴和溶液在其中的盐类。这个作用的范围非常广，每年约有36万立方千米的水生成云雾，分散到世界各地，再次化成雨后滋润着土壤，并给植物带去所需的氯化物。

当然这并不是全部，有一部分水会渗入地下，不过这个过程非常复杂，目前为止还没有人能够用比较直观详细的研究来对这个过程加以解释。

人们构建了很多理论，试图解释水流入地下的现象。古希腊哲学家柏拉图和亚里士多德曾认为，地上的水会通过神话中的地狱深渊然后进入地下，最近，分子物理学定律也给出了一些科学方面的解释。

水从出现到现在为止，一直在做着一些我们可能无法察觉到的工作，比如在地下通路中引起化学反应：破坏岩石，将各种矿物溶解在水中，并且在某种情况下再结晶形成沉积物。地球表面的这种作用几乎全都是在水中进行的，并且方法复杂多样，不仅使地球的外观发生了改变，也使地球的成分和环境发生了变化。水蒸气吸收了阳光中的一部分热射线，再加上空气和二氧化碳，一同造就了现在的平均温度16℃。并且，由于水蒸气吸收了太阳能，并且在山顶汇聚，这就带来了非常多的具有破坏性的能量。

正是因为地球上有了水，所以才有了生物。众所周知，生物的进化过程是复杂且漫长的，而生物的出现和进化，都是离不开水的，它是生物体的重要组成部分，在生物体内占比非常高，在人体内平均含量约59%，在水母中平均含量约99%。

这些就是水的历史，它的过去和它的现在以及将来都紧密地结合着。

第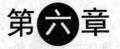章

使用石头

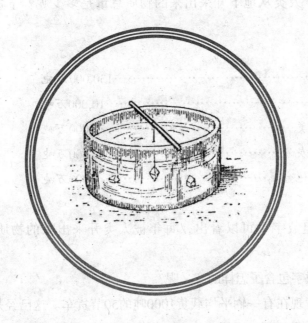

1. 人和石头

不论是沙子还是砾石又或者其他的石头，整个非生物界的各种矿物对于人类的经济活动来说都是非常重要的，建设城市和工厂、开凿隧道、修建公路铁路等都离不开这些矿物和岩石。

农民们在每年的播种季节都要用到木犁和铁犁来进行耕地翻土，那么，每一年被翻过的土壤一共有多少呢？

计算可知，每年翻过的土壤一共有3000多立方千米，这就相当于一个边长为15千米左右的巨大立方体。当然，这个数字包含的意义和内容我们是非常了解的，毕竟我们知道，地球上所有的河流每年带入大海的、溶解或混合在水中的各种物质也不过两三个立方千米。

那么，人类从地下开采出来的物质总量是多少呢？下边是一些近似值：

煤⋯⋯⋯⋯⋯⋯⋯⋯⋯⋯⋯⋯130,000万吨

铁⋯⋯⋯⋯⋯⋯⋯⋯⋯⋯⋯⋯10,000万吨

盐类⋯⋯⋯⋯⋯⋯⋯⋯⋯⋯⋯3,000万吨

石灰石⋯⋯⋯⋯⋯⋯⋯⋯⋯⋯2,500万吨

其他金属⋯⋯⋯⋯⋯⋯⋯⋯⋯1,000万吨

从这组数字中可以看出，每年被人类开采出来的物质大约有15亿吨。

这个数字包含了怎样的意义呢？

试想，现在有一辆平均载货1000吨的50节货车。这已经是很好的货车了，可如果矿石、金属、岩石、煤和盐类等开采物全部用这种货车装运，仅仅是一年的量就需要150万列这种货车才能运走。

这个数字还不是最大的，如果计算一下人类总共从地下开采出了多

少物质，那么，得到的结果只能更加接近天文数字：50年内，单石油的开采量就能够装满一个5千米深的、周长40千米的湖。就算单说英国，这个国家从地底开采出来的矿物和岩石已经超过了40立方千米，英国有不少石头制作的房子，其中，单个房子质量甚至就能达到5万吨。塞瓦斯托波尔更是如此，在这里开采出的石灰石如果全部用来制作干燥材料，那么可以造出能够储藏4万吨葡萄酒和香槟酒的储藏室。

那么，这些石头离开了地下后会经历怎么变化呢？

虽然石头是非常坚硬的，但是它在人类的使用和管理下依旧不能永存，还是会逐渐消失，分散在整个世界。就算是被铸成了金币和各种用品的金，也会在人们手中慢慢磨损。正是由于这个原因，世界上所有银行中的金储量每年都要减少800千克，这就代表这800千克的金变成了我们看不见的粉末。除了这种贵金属，煤只要被燃烧掉，就不可能再复原了；铁也是一样，不管是涂油漆也好还是镀锌、镀锡，还是直接被人吃掉或做成其他产品，它总会消散掉。于是，人们就必须不停地开采石头。

这个开采量是逐年增长的，铝、铬、钼、钨等金属在100年的时间里产量增加到了原来的1000倍，铁、锰、煤、镍、铜等金属的开采和冶炼总量也增加到了原来的50~60倍，并且，人类活动范围内的物质种类和数量都在逐年增多。这种物质在昨天可能是一无是处，但在今天就可能是非常有价值的宝贝，其中最有代表性的就是在地壳中大量分布的石灰岩和黏土，它们已经大量参与人类的经济活动了。人们对石头和矿物的研究越透彻、越充分，就越是能够从矿物上找到更多的宝贵性质。

只有矿物学才能帮助我们完成这些研究，所以，正因为矿物学的存在，人们才会深刻认识地球表面和内部的矿产以及资源，能够让那些原本没有用处的石头来为人们服务。

矿产的总储量每年都会减少，毕竟矿石不像植物那样可以快速再生，它们一旦被消耗，再次生成就会非常缓慢。矿物学家和地质学家曾经统计过，如果继续以现在的速度开采铁和煤，那么，这些铁在60年后将开采一空，煤在75年后也将开采一空。人类如果一直对自然进行掠夺，那么今后总会有一天，地球上的天然富源会用尽。所以，我们必须保护自然界以及天然富源，要做到将金属和有用盐类提取干净，最大化利用每一块矿石，不要浪费，不要让它们白白消失掉。

虽然人类在很久之后才会遇到无煤可采、无铁可炼的情况，但是凡事要提前予以应对，矿物学家、化学家、技术专家、冶金学家一定要联合起来一起攻克这个难题，推迟这个期限。

目前，我们正在从煤铁时代转向黏土、石灰石、太阳能和风能的时代，苏联的未来必须寄托在轻金属、温暖和煦的太阳光、南部沙漠中的沙丘以及北部的黏土层上。

2. 碳酸钙

碳酸钙，也就是矿物学中的方解石，可以说是在地壳外层分布最广的矿物之一了。它是一种化合物，有的时候一整座山都是由石灰石和大理石形成的，而这两种岩石的主要成分都是碳酸钙。不仅如此，这种物质大量存在于土壤以及泥灰岩中，河水和海水中也有不少溶解的碳酸钙。人们对碳酸钙的应用非常广泛，会用它建造房屋、制作混合物水泥、铺设人行道等，从适用范围来讲，恐怕也只有它可以和黏土媲美了。

人们每年开采的石灰石大概有1100立方千米，重2500万吨，这些石灰石需要用200万节车厢，也就是4万列火车才能够运走。石灰石的历史非常悠久，并且十分复杂，科学家很早就开始着手研究，不过目前仍然没有将它研究透彻。

每年都会有碳酸钙或溶解或夹杂在河水中，一同汇入海洋。有人曾经计算过，目前海洋中碳酸钙的总量约是1.5万年内被河水冲刷走的碳酸钙数量的总和。那么既然如此，海洋中的碳酸钙去哪里了？现如今，这个问题的答案已经非常明白了，海洋中的生物会将碳酸钙吃下去，然后化作生物的骨骼或者介壳。

虽然珊瑚虫非常小，但是它们可以形成庞大的建筑物，这种建筑物会以每年1厘米的速度增长，当经过几十万年后，就会形成非常大的珊瑚岛和珊瑚礁。

当然，并非只有珊瑚虫会通过摄取碳酸钙来构建自己的骨骼，其他的一些小生物比如根足虫，同样会这么做。这是一种只有在显微镜下才能观察到的生物，千百万平方千米的海底覆盖着非常厚的白垩岩和石灰石，这些石头就是根足虫沉淀出来的，它们是生命的建筑者，也是最有技巧的活动者。莫斯科的大型建筑物、巴黎和维也纳的房屋、阿尔卑斯山、克里木的山峰、伏尔加河边的日古利山等，深究起来都是微生物构成的。

在海洋动物死亡后，它们的骨骼和介壳就会沉积在大海的底部，并且夹杂着生物残骸以及腐烂后的生成物，最终变成淤泥状的物质。在海洋的深处发生了众多化学变化以及物理变化，这些变化聚集在一起，就是生物的沉积变质作用。最后，淤泥状的物质形成了岩石，大海底部也就出现了石灰石、泥灰石以及其他种类石灰质岩石的沉积。

碳酸钙的历史第一页到石灰岩产生后的这里宣告结束，接下来就是第二页。

海底慢慢向上突起，形成高大的山脉，海水流到了其他地方，于是原来的石灰岩就变成了山顶；在这里，岩层的变动并不是统一的，有一些地带上升到了更高处，有一些却降低了，于是这就构筑成了克里木南部漂亮的岩岸以及高加索的美丽断层。

这第二页并不长，很快就翻到了第三页：雨水、冻冰、溪流以及河水的冲刷使得碳酸钙渐渐溶解，然后便形成了非常奇特瑰丽的景象。

看，这里是被河流切断的石灰岩山脉，两边都是高几百米的山崖。悬崖非常狭窄，上边沿着河岩盘绕着许多羊肠小道，旅客和商队在这里随时都会遇到危险。

看，那边是石灰岩质的荒野，这个地方已经被侵蚀过了，有很多漏斗状的洼地。这些漏斗的管子直通地下，以至于地面上的水通过侵蚀作用能够深入地下几百米，使得地下出现了非常多的复杂迷宫。水就这么一点儿点儿将石灰岩溶解，给山洞添加上了碳酸钙沉积物形成的美丽图案和建筑。

碳酸钙的历史表明它一直居无定所地漂泊着，矿物学上将这种漂泊和流浪称为迁移。

有些时候，在水溶解掉碳酸钙之后会在另一个地方将它们沉积出来，这种作用会将巨大的钟乳石柱子变成湖泊中的植物周围的石灰外壳，会将一些细小的管子变成能够保住地面泉水中植物的灰华。那些没有沉积的碳酸钙有一部分会顺着河流重新回归海洋，另一部分在经历各种复杂变化后也会回归海洋，到此，碳酸钙就完成了一次循环。

人类的行为会影响这个循环，比如在这个循环中将碳酸钙取出，然后用它们建筑房屋、桥梁和城市，等等。不过，这种影响相比根足虫而言实在是太渺小了，根足虫能够利用自己的生命制造成高山，这些高山比纽约的摩天大楼要高得多，就算是人力能够建造的最大建筑物，比如200多万块石灰石堆砌起来的埃及齐阿普斯王金字塔以及用血白大理石构筑的米兰大教堂，和这些高山相比也都非常渺小。

3. 大理石

读者们不会认为大理石只能用作装饰，雕刻公园以及博物馆中的雕像以及建筑房屋吧？这样想的确是错的，大理石的用途非常广泛，并不局限于我们在博物馆中看到的那些来自意大利或是希腊的工艺品。

现在，我们能够在很多地方遇到大理石。在医院的手术室中，桌子和墙壁都必须一尘不染，大理石是这种情况下的最好材料；在发电站中，因为大理石是绝缘体，所以一般被用来制作能够安装操控电机的装置的配电盘，并用它装饰墙壁；医院和疗养院中，脸盆和洗澡的浴池都需要非常清洁，于是便用大理石来堆砌；皮革厂中，大理石一般被用来制作轧制皮革的石辊。甚至地下铁路、戏院、俱乐部等公共建筑的柱子、栏杆、地面、台阶、窗台等都是大理石制作的，因为大理石坚固耐用，防水防冻，并且能够承受很大的质量。建造美丽的房子时，砌面也一定会用到大理石，这些大理石可以是单一的，也可以用大理石和水泥的混合物，比如莫斯科邮政总局以及莫斯科市苏维埃旅馆。

但是，这并非全部，我很难将大理石在工业和生活方面的所有用途一一说出来。

大理石非常坚硬，不过却非常容易锯开。它们有的非常洁白，有的像人的皮肤一样稍微透明，有的色彩斑斓，黄、粉、绿、红、黑一应俱全。不过，它们都有同样的性质：纯净，绝缘，耐腐蚀，空气和水都无法破坏它。根据这几点可知，它是人们能够获得的好材料，人们在几千年前就已经发现了它的这种作用和价值。

如果有人去看过古希腊人的白色大理石寺庙、米兰大教堂（图15）大理石质的顶上（教堂从地面到屋顶随处可见大理石的雕刻、柱子以及装饰）以及莫斯科地下铁道的大理石台阶，那么这个人绝对会称赞一声大理石。如果有人看到了发电站中的大理石，那么这个人只会更加赞赏，因为这里的大理石板每一块都有几平方米那么大，并且都打磨得非常光滑，非常漂亮，那些能够操控几百马力电能的仪表和开关就被按照一定的顺序和位置安装在这样的大理石板上。

意大利是世界上开采和出口大理石最多的国家，地中海沿岸以及喀拉拉附近就分布着1000多个白色大理石开采场，在这里的山上以及峡谷中，雪和白色的大理石混杂在一起，几乎分辨不出来了。

将大约几吨重的大理石开采下来后，便将其放在滚轴上，然后用牛拉下悬崖。当然，直接这样做的话如果石头下滑，很可能将牛以及车压坏，于是还要在后边用链子拴上几块同样的石头，这些石头在地上摩擦着，便能够减缓前边的石块速度了。

每年都有约60万吨大理石从山上运下，之后装上火车，再送到其他地方去。发出难听响声的水力机在几个月内就能将这些大理石切割成石板，之后再次通过铁路运输到地中海沿岸，然后被装进货轮的货舱中出

图 15　意大利米兰大教堂

口出去。意大利每年出口的大理石总量甚至相当于一个边长60米的正方体，每条的长度相当于两个电线杆的间距。

当然，大理石并不只有意大利才有，苏联的某些地区同样拥有丰富的大理石资源，比如累利阿、莫斯科附近、克里木、高加索、乌拉尔、阿尔泰以及萨彦岭。除了这些地方，地质学家们最近又在其他地方发现了大理石的矿床，这些就很难一一提到了。

苏联现在已经不需要从外地进口大理石了，而是自己建造起了大理石的加工厂，并且将生产的大理石用在了工业和生活中，苏联的地铁和很多建筑都已经使用了苏联自产的杂色大理石做装饰。

大理石并非是不会变化的，比较伊萨大教堂博物馆的旧大理石砌面、彼得格勒大理石宫的柱子和新的大理石雕刻，就会发现旧的大理石棱角已经不再明显，装饰物和新的相比也小了不少，这是因为城市中的空气中含有能够腐蚀大理石的物质，这些物质溶进水中，雨水就成了对大理石具有破坏性的物质，这种破坏性非常快。

每100年中就有约1毫米的大理石被雨水侵蚀掉，那么1000年就是1厘米。这个数字还不算什么，在海边这种作用进行的更加剧烈，含着大量盐分的小水滴能够被风吹到离海边几百千米的地方，它们对大理石有更加强烈的侵蚀作用。不仅如此，雪会从空气中吸收更多的有害酸，所以单论腐蚀作用的强烈程度，雪比雨要强很多。除了这些，大理石缝隙中的水、滋生的真菌和植物以及风沙等都会加速大理石的破坏。

我提到石头的优缺点并不是没有用的，因为自然界中没有永远不变的东西。地球的地质时代里，小沙粒能够聚集成高山，巨大的岩石却也能够被渐渐侵蚀，变成粉末或者小块。自然的规律是无法逆转的，人类所进行的活动，只不过是地球地质历史上的一小截，所以人类创造出的"永恒"并非真正的永恒，这些"永恒"的消失，对历史长河来说仅仅是一瞬间而已。

在将来，在看到彼得格勒的大理石宫以及以撒大教堂博物馆的卡列里出产的灰色大理石的时候，或者是在莫斯科的普希金博物馆看到乌拉尔南部出产的白色大理石柱的时候，希望你们不会忘记自然界的这条规律。

4. 黏土和砖

现在我打算讲一讲关于砖的历史，我想，读者们一定都想不到它的历史会是这样复杂有趣。

地底的花岗岩熔岩中充斥着大量水蒸气以及各种挥发性气体，它们不断沸腾，试图打开一条通往地表的道路。之后，如同面团一样的花岗岩熔岩进入地壳，凝固成如同面包一般的花岗岩体和花岗岩脉。仔细观察杂色花岗岩，就会在其中发现外边包裹着黑色片状云母以及灰色半透明石英的粉红色和白色的晶体，这些或为白色或为黑色、浅黄色、粉红色的晶体便是长石，它就是黏土的来源。

当地表上的水流过花岗岩体，花岗岩就会被侵蚀，再加上日晒雨打风吹，花岗岩就会改变形状成为非常古怪非常特别的模样。花岗岩被破坏，其中的黑色片状云母却会呈现出金黄色，成了所谓的"猫儿金"，灰色的石英则变成了颗粒状，形成了石英砂。和这两种相比，长石的变化只会更大，它被水和阳光彻底地破坏掉了，其中一部分物质会和空气中的二氧化碳化合，还有一部分又会和水化合，于是，剩下的部分就碎成了粉末，积聚起来就变成了松软的黑色淤泥。在沙漠中，炎热的气候对这种毁坏起到了非常大的促进作用，这些风将长石的粉末吹到风吹不到的地方为止，然后将它们聚集在那里。沼泽的黑水中含有大量铁，这些水同样会加速黏土的形成，所以在炎热的沼泽地凹地上，都会沉积着大量黏土颗粒，形成了大量的淤泥。

除此之外，北方的冰块同样会对长石进行碾压，将它们碾成长石粉，再顺着冰川的动向被带往很远的地方。这种黏土同样会大量堆积，形成了几千公里长的冰川沉积痕迹。

俄罗斯的北部，这种黏土随处可见，在黏土地带还有冰川由北方向南方迁移的时候带过来的非常大块的石头。在这些黏土地带的边缘，偶尔还会看见花岗岩被破坏后的生成物，也就是石英砂。

现在回归正题，黏土正是砖的制作材料。人们采集黏土，将其中的沙子或是砾石杂质去除后加上水并搅匀，做成砖的样子后晾干，之后再放入火中烧制。科学家将砖打碎，磨成薄片后放在显微镜下观察，他们发现，视野中出现了一种针形矿物，这种矿物非常熟悉，曾经出现在压力巨大的土壤深层。

长石晶体算是复活了，不过是以另一种存在形式。用砖块建造房屋的人们肯定不会想到，他们用的就是熔岩的残余，并且也不会想到，使这些砖块黏在一起的物质并非只是石灰浆那么简单，而是在几亿年前的海洋中生存的动物的残体。

那么，陶瓷或是搪瓷会告诉我们什么呢？

瓷的历史比起砖来要有趣得多，制造瓷器的主要原料是高岭土，这虽然也是一种黏土，但是它比一般的黏土要纯净，并且形成的过程更加复杂。它最开始是底下的炽热岩浆，之后随着水蒸气和挥发性气体一同喷出，最后在浅水湖的底部沉积起来。我可以告诉你们的是，虽然黏土已经被用来做砖或是陶质的物品，但是它的历史并没有结束。

在最近，黏土和性质类似黏土的物质为我们找到了一些新的道路，这些和黏土性质相仿的物质可以提炼出密度非常小的轻金属铝，也就是俗称的“轻银”，这种金属可以制作飞机和汽车的机身以及制作锅、碗、匙等用品。在这种金属还未大量提炼的过去，铝是非常昂贵的，它一般被用于制作贵重物品，但是现如今，仅大瀑布边的工厂中铝的年产量就已经达到了1000万吨之多。如果时间向前推50年，恐怕最富有幻想力的科学家以及地质学家都想不到在黏土中能够找到制作飞机的原料。

提到这些后，我不得不再提到一点，苏联是世界上黏土最多的国家，北部是冰川带来的黏土，乌拉尔是雪白色的高岭土，顿巴斯是如同脂肪的耐火黏土。

在很长一段时间内，人们都不懂得如何去应用这些黏土，了解也比较少。美国著名地质学家曾经说过：“每人平均黏土用量标志着国家的文明程度。”这句话其实是改过的，原话是：每个人每年的肥皂用量标志着国家的文明程度。这个地质学家改编后的话道理其实是没错的，因为之前俄罗斯的科学和矿业都没有去重视黏土，所以几乎没有人去研究和开采它。

1769年，著名旅行家巴拉斯院士曾经讨论过黏土的利用，他述说了俄罗斯乡村和偏远地区的艰苦生活，并且对他们不使用黏土和石头来改进木质房屋和防火这件事情表示了疑惑。他说：

虽然在卡西莫夫有很多可以用作建筑材料的石头，但是这里的人们并没有取用它们，整个城镇中的建筑都是按照俄罗斯的习惯用木头制作的。当然，外地人在来到这里后感觉最奇怪的还并不是这些。这里明明有这么多的石头，但就连这里的道路都是圆木或是木板。教堂和官房中有一些是使用非常劣质的砖块建造的，这些砖块之所以如此，是在选择黏土的时候没有考虑质量的结果。

现在的沃尔霍夫河、第聂伯河的河岸以及乌拉尔地区都建设起了高大的铝工厂，用来从混有铝的黏土中提取铝元素，于是，苏联含量最大却利用最少的富源之一便由此开始了发展。

5. 铁

如果地球表面的铁突然消失，并且无论如何也无法得到它了，那么人类将会怎样？这只是一种让读者吃惊的描述罢了，读者们可能会非常清楚这种情况发生后的状况：铁床将会消失，家具将会散开，钉子也会消失不见，天花板将因为无法固定而下坠，就连房顶都会消失。

这种情况下，房子的外边只会更加让人害怕：火车、汽车、机车、马车等或是栏杆都会消失，铺在路边上的石头也将变成松软的黏土，植物们会因为失去了这种维持生命的物质而大量死去。这时，地球就像遭到了严重的灾难，人类的灭亡似乎也就不远了。

不过人类根本无法活到地球灭亡的时候，因为人体的血液中也含有铁。虽然只有3克，不过没有了只占人类体重两万分之一的这3克铁，人们就无法生存下去了，所以甚至看不到上边提到的这些情况可能就已经死掉了。

我们生活在铁的世纪，每年都会消耗掉1亿吨铁。1914—1918年第一次世界大战的某几个月中，发射掉的炮弹中的铁要比铁矿中含有的铁要多得多。这次战争期间，德国军队每年发射出去的铁甚至达到了1000万吨，这个数字甚至比俄国在一战开始前的年产量多一倍半；凡尔登在受到持续几个月的炮击之后，可以在这里找到300万～500万吨堆积起来的铁；各地为了铁矿的产地竞争、战争不断，甚至在停战谈判中都会因为这件事发生争执。

人们都在想方设法将铁保存下来，使它们存留的时间达到最长，不过这总是徒劳无功。就算在铁的表面涂油脂、煤油、油漆或是假漆，或者镀镍、镀铬，又或者使铁的表面氧化，都无法阻止铁的消失，铁仍然不断减少，生锈或是被水冲洗掉，然后再次回归地球环境。

"铁！要更多的铁！"世界一直在这样要求着。不过，在若干年后人类将会面临铁荒，没有更多的铁可以拿来用了，世界将会面对我们之前提过的那些设想。

这个设想并不可笑，2000多年前的古希腊人就曾经想象过可怕的铁荒。希腊哲学家曾经提出过这样一个问题：如果地球上的铁矿被开采一空，地球上没有了铁，那么人类会怎样呢？

在这之后的古罗马，同样有人想到了铁荒，果戈理曾经对此事做了一些描述：

铁的罗马屹立着且扩展着，刀光剑影，长枪如今，在这里，嫉妒的目光和健壮的身躯都在向外延伸……我在这里懂得了生活的秘密：人就要光荣，就要追求光荣，没有光荣的、默默无闻的人生是下贱的。那么，被铁的声音震聋的人们就请拿起古罗马装甲军团的致密盾牌冲锋吧，在这狂欢中！最后，你就会凶狠且严肃地占领世界，甚至是天空。

不过，这些情况都是哲学家们的担忧，要么就是幻想，不过现在是19世纪，也是铁的世纪。为了这种元素，人们开始竞争、争斗，铁矿逐渐枯竭，铁的价格上涨，这已经是对人们的警告了。美国罗斯福总统在生前就曾发出第一次关于此事的警报，并且煤铁大王、铁路大王和铁买卖的大商人也曾在白宫和摩天大楼中关于此事激烈辩论。

在国际地质会议上，世界有名的地质学家们预估了整个世界铁的储量。他们得到的答案是，按照目前这种逐年增加的开采量计算，60年内，地球上的铁将会开采一空。也就是说，到2000年，我们那些可怕的幻想都将成真，世界上将会被人类弄得一块铁都采不出来。

不过读者们并不需要对此事太过担忧，真正的情况远远没有现在这么可怕。人们不断发现着新的铁矿，并且技术也在不断改善，已经尝试着去冶炼劣质的矿石了。就算富矿枯竭了，我们还可以冶炼劣质矿，并且如果铁价涨到和银价相仿，我们甚至能去冶炼花岗岩。

从这些宽慰中我们看出，这并不是什么非常令人欣慰的话，虽然我提到铁价上涨到银价相同的时候会去冶炼大理石，但铁的数量逐渐减少却是不争的事实，铁荒的威胁也不会结束。

那么我们到底要如何做呢？

办法只有一个，就是寻找替代品，即如果某种东西没有了，就找另一种东西来代替。这种方法是在第一次世界大战中学到的，当时德国运用最为普遍，它们还给这种方法起了名字，叫作"艾尔沙茨"。按照现在的情况，给铁找代替品是迟早的事情，我们现在不能过度使用这种代替品金属，必须节省着用，并且在使用铁矿的时候寻找将新金属应用在工农业以及其他行业上的方法。

铝以及铝合金的质量非常轻，正好可以代替质量比较大的铁。不仅如此，我们现在建造房屋所使用的钢筋外边都需要包裹很多水泥，架桥、建造拱门和柱子现在都不再使用木头和铁了，基本都是使用钢筋混凝土来减少铁的用量，不仅如此，就连一些船只都开始即使用钢筋混凝土来制造了。

我们正在走出铁的世纪，下一代人将会生活在铝、锂、铍等轻金属中，生活在钙和镁这两种在地球上分布最广的物质中。

人类的未来必定会被其他金属掌控，到那时，铁就会作为曾经立下功劳的、已经完成了自己的使命的材料，获得荣誉和地位。不过，现在距离我设想的这些都还很远，所以矿物学家们需要将铁保护起来，不仅需要多寻找铁的矿床，也需要寻找铁的替代品。

在这个时代，铁的地位还没有动摇，它仍然是工业的中枢神经，是冶金以及机器、传播和桥梁制造、交通运输的基础。

6. 金

世界上似乎很难找到和金一样的、能够起到巨大作用的金属了。不管是什么年代，人们都非常想要得到这种金属，为了得到黄金，人们会触犯法律、动用暴力，甚至不惜引起战争。从原始人在河沙中淘金制成工艺品和首饰（图16），到现代人开设工厂，使用挖泥机，这漫长的时间内人们一直在打算占有这些富源的一部分。不过人们得到的金和自然界中存在的金以及人们想要的金比起来，定是微不足道的。19世纪中叶之前，人们总共才开采到了230吨黄金，在最近的200年中，人们掌握的金价值近增长了200亿至300亿卢布，仅有1.7万吨。第一次世界大战爆发之前，银行中可供周转的金仅有90亿至100亿卢布，就算是所有金币、金条以及其他黄金储备的总量也不过200亿卢布。这些数字并不是什么大数字，大家不要惊讶，一战期间，也就是1914—1918年间，某些国家比如帝国俄国的军费开支就已超过了550亿卢布。

图 16　用盆冲洗金沙，这是最古老的淘金方法之一

目前，人们正在加快寻找金以及金的矿床。到现在为止，世界上采金人员已经超过了150万人之多，但是每年开采出的金甚至连1000吨都不到。

大自然非常小心地保存着自己的财富，不让人类轻易取走它们。不过，应该知道的是博物学家布丰曾经说过的话：金这种金属可以说是遍地都是。它的分布非常广泛，每一立方米海水中就含有0.01毫克的金，海水中所有的金一共能有1万吨，价值达100亿卢布。并且，花岗岩中同样也有金，地壳中金的平均含量为0.000001%，在厚度为1千米的一层地壳中，金的总含量大概为50亿吨左右。

人类发现黄金到现在为止这一大段时间，人们所开采到的金不过只占地球金总量的三十万分之一，这个数据足以看清人的活动是多么的渺小和微不足道。自然界不会给人们大量的金，并且还会把人们得到的金慢慢弄走。金的分散能力非常强，它很容易就会分散成非常小的微粒，长度大概和光波差不多，然后这些微粒会以约几千克一组的被河水冲走，或者分散在实验室的地板上、墙壁以及家具中。不仅如此，银行中的金子存量也在逐年下降，存入的金币每年都会减少0.01%～0.1%的质量。

金有很好的延展性，可以制成非常薄的金箔，这种金箔已经失去了本来的金黄色，而是呈现出绿色。它的厚度非常小，就算将10万张金箔叠加在一起，总共的厚度也不过1毫米。奥地利著名的地质学家修斯在19世纪70年代关于金的性质以及特性中看到了将来的金荒，并且声称一定要谨慎对待黄金的流通问题，它是世界经济的基础。

虽然我们感觉不到金荒，修斯的担心也确实为时过早，不过这并不代表我们就完全不需要担心。开采金的时候，一般是一个矿床开采完了，然后才会去开采另一个，并且开采手段在逐渐进化。目前为止，我们用拙劣的方法开采到的黄金勉强能够补偿损失掉的黄金。16世纪初在中美洲发现的金矿被1719年在巴西发现的金矿替代，然后接连被1848年发现的加利福尼亚金矿、1853年发现的澳大利亚南部金矿、1885年发现的南非维特瓦特尔斯兰金矿以及1895年发现的阿拉斯加克朗代克金矿以及西伯利亚勒拿河金矿、阿尔丹河和科雷马河一带的金矿所替代。

金在地球上的存在地点比较分散，但这并不代表没有聚合起来的金，在某些时候金会聚成一大块，形成自然金。1869年，人们在澳大利亚发现了一块重100千克的大型金块，三年后，人们又在澳大利亚发现了一个更大的、重达250千克的金块。

相比之下，俄国的自然金块却要小很多，1837年，乌拉尔南部发现了一块自然金，不过仅仅有3千克重。这种情况非常明显，有时在一个不算大的地区里却会聚集这非常多的贵重金属，比如美洲的克朗戴克。这个地方地处北极圈内的部分面积并不算大，仅有200平方米左右，但在这里发现的金却价值100万卢布。

全世界金的产量上，俄国有着什么样的地位呢？德洛菲·马尔科夫在1745年为三位一体圣像寻找能够镶嵌在桂冠上的水晶时发现了一个位于乌拉尔的可靠金矿，自从这之后，俄国的矿业就逐渐发展了起来，人们也陆续发现了新的矿床。后来，在矿业管理局成立后，曾经发表过每年和每10年开采金矿的总量。

不过，这些发表出来的数字并非真正的开采量，这些统计已经漏掉了很大一部分，因为有一些金流入了中国，被外国商人买走；还有一部分被采金的工人私自带走，然后自己卖给了私家商人和珠宝店。于是这个数字并不是十分可信，如果真的要估算的话，那么旧俄国时代的黄金开采量不会少于4000吨，这个数字误差应该不大。

列斯科夫、马明—西比利亚克以及其他作家都描述过当时的"黄金狂"。

当时人们的命运很难说得清，一部分人会变得非常富有，另一部分则会变得非常贫穷甚至破产，在这个时候，乌拉尔以及西伯利亚的金矿甚至和一些诸如神话般的财富、自然金、金巢等传说联系在了一起，并且还有很多无法全部说完的犯罪、狂饮、烂醉、运气和痛苦等。

在沙俄时代，如果有人发现了黄金，大部分都会喝得烂醉，然后在整条街道上摆满酒瓶。如果找到黄金的是女人，大概就会买好几条丝绸裙子，一条套一条地穿起来。

没有任何金属能够像黄金这样让人疯狂了，也没有任何金属能够像黄金这样给人巨大的希望，让人宁可忍受痛苦去寻找"金山"了。

地质学家雅切夫斯基曾经描写过在西伯利亚探索金矿时的情况：

通古斯人、索依奥特人以及鄂伦春人的领路人带着那些寻找幸福和希望的人们穿过丛林和枯树，在一或二俄丈[1]的雪上，在鹿和马等动物都会迷路的地方行走；夏天这里蚊子成群，他们可能陷在泥泞的地里，疲惫地前进。他们走的地方，大都是无人知道的，白种人没有来过的偏僻地区。

人们果然找到了大量黄金，之后就是着手开采了。大队人翻过高山，跨过瀑布和险滩密布的河流，带着工具和用品来到西伯利亚，在苔原上摆成了非常长的队列，目的自然是在西伯利亚短暂的夏天内挖掘到尽可能多的金子。一小群人齐心协力在金矿里工作，用斧头将落叶松和雪松砍倒，并且用沟渠将溪流截断，用这些水转动水轮。本来冻得非常结实的土壤因淘洗设备的冲洗而变成碎块，金颗粒也从这里被分离了开来。

金矿开采业的兴起使难以到达的、偏僻的苔原火热了起来，一个个由采金人聚集形成的村落开始出现，如果之后这里的富源有开采前景，那么这里很快就会形成金矿开采中心。在这时，这里就会修建出许多道路，道路的两旁还会修建一些过冬用的房子，算是一些特殊的驿站。在这种情况下，原本孤立的金矿中心就会和居民区连接起来，荒凉寒冷的苔原也就不再难以到达了。人们会更加频繁的来到苔原，让苔原处在人们的支配之下，西伯利亚水陆交通干线也会开辟通往金矿的通路，像触角一般从远方伸向苔原内部。人们从这些交通干线进入苔原，大车队也会将日用品送到这里，不过和这些相反，金子们都会从苔原向外运输，西伯利亚也会因此改变样貌。

---

[1] 俄丈，俄国旧的计量单位，1俄丈≈2.13米。

新的时代开始后，苔原迎来了新的主人，新技术和新的劳动方式大幅度活跃了采金业，金的开采量大幅增加，消耗的时间也大幅缩短。

现在的苔原已经不再像之前那么荒凉了，每个地方都能看到架设起来的电线和电话线。采金工人的住所都安装了无线电，也通了电，装上了电灯。随着这些的发展，这里的自行车和轻快的汽车也渐渐多了起来。

金沙这种东西的开采需要用到挖泥机，这是一种安放在平底船上的，依靠蒸汽或者电力来进行运作的大型机器。这种机器能够冲洗金沙，将金从金沙中分离出来。苏联使用的挖泥机一般能够挖到25米深的地方，每次都能够挖出半个到一个立方米的金沙。十月革命之前，挖泥机会在冬天被要求停止工作，不过现在，一年四季都有整排的挖泥机不断工作着，就算是在寒冬也依然在开动着，挖掘着金沙。随着挖掘工作的发展，附近也出现了选矿场以及能够分离黄金的工厂。

7. 重银

西班牙人在17世纪中叶于哥伦比亚淘洗金沙的时候曾经发现了一种颜色类似银的、比重比普通银要大一些的深色金属，它的比重和金相仿，用冲洗的方式无法将二者分开。它的外貌非常类似银，不过它并无法溶解，熔点也很高，所以人们在当时认为它不过是偶然的、有害的杂质，或者是人们伪造出来的金，所以18世纪初的西班牙政府下令将这种有害的金属放回河中，并且要在人的监视下进行。

后来这种金属被命名为铂，1819年，人们在乌拉尔发现了铂，它的奇怪性质也引起了化学家们的注意。人们想要将它熔化铸造成三、六、十二卢布面值的硬币，它也一下子变成了贵金属，很多地方的挖泥机都开始开采这种金属。

挖泥机上的轮子、斗草、轴辊以及筛子都在发出非常杂乱的响声，铂沙就是在这种声音中被清洗出来。这些铂沙还会经过加工，因为1吨铂沙中仅仅含有0.1克铂。

在这时，铂主要被牙医所应用，比如制作牙套、镶补材料或是假牙，于是人们死后这些铂就一同进入了坟墓，无法再次使用了。

三分之二的铂被制成了装饰，剩下的三分之一的铂因为其耐火特性和不易损坏等特点而被制成了电工仪器和化学器皿，有非常大的价值。

铂族还有一些贵金属比如锇、铑、钯、铱、钌等，其中钌是俄国在1845年发现的，这个名字也正是为了纪念俄国而命名的。[1]除此之外，沙俄一度掌控了铂的市场。

在当时，沙俄所开采的铂支撑了整个世界市场达10年之久，之后人们开始想到从含有铂的岩石中提炼出它，这种方式并不需要从沙子中淘洗，目标转为了暗绿色的橄榄岩。乌拉尔的山中大部分都是这种岩石，不过其中所含的铂却仅仅有千万分之几。

第一次世界大战期间以及十月革命开始时，乌拉尔的铂产业遭到了打击，产量也由此下降，于是出现了哥伦比亚以及加拿大两个竞争者。不过，南非洲在同一时期发现了铂矿床，其他地方也接二连三发现了铂矿床，于是寻找财富的人、股份公司以及银行再次开始了忙碌，一批企业倒闭了，转眼又会有新的企业崛起，千百万的英镑被集中了起来，但是转眼又会在寻找新的千百万英镑的时候被抛出。在好望角到北洛谛西亚的1500千米的地区上铂矿几乎到处都是，这些铂矿中的铂并不在沙子中，而是在岩石中，并且含量比乌拉尔地区的铂矿要大。在这一带开采铂的成本比较高，总体上来看还是无法和苏联用完善的装备从沙子中分离铂相比的。

南非洲的地质学家曾声称在非洲发现了一个非常大的铂产地，这个产地几乎贯穿了从南到北的整个非洲，北端甚至能够到达已经证明有铂矿存在的尼罗河上游以及埃塞俄比亚等地。整个地带中含有铂的岩石在某几段地区大量裸露在地表，还有的顺着裂缝侵入到了沉积岩内。在这

---

[1] 钌的拉丁文名称为ruthenium，俄罗斯的拉丁文名称为ruthenia。——译者注

些含铂地区的地下还有一些含有铂、铬以及镍的沸腾水溶液。

这种含有多种金属的地方在地球上并不少见，甚至有的时候能够有几千千米长。在美洲，从加利福尼亚到巴西的这一带就大量蕴含着银和铅，中国的东南部大量蕴含着锡、钨、汞和锑，苏联的西伯利亚以及蒙古国大量蕴含着铋、锡、铅、锌以及各种宝石，这一地段的长度大概是好几百千米。

在这些存在于地球上的矿产袋中，只有乌拉尔地区以及非洲地区才有铂，才有这种"折磨人的恶魔"，这一称呼是乌拉尔地区的人们第一次从沙子中看到这种贵金属的银粒时对它们的称呼。

8. 食盐和盐类

我们对盐类应该都很熟悉，甚至会将食盐，也就是氯化钠简称为盐。不过，从大的意义来讲，氯化钠只是盐类的某一种，和它同样熟悉的还有好些盐类。大部分的盐类都易溶于水，被当作药剂、烈性化学物质或是毒药使用。它被应用在了农业中，比如钾盐；它也被应用在了工业中，不过工业用盐种类就非常多了，并且用量也非常大。

这些盐类并非全部是地球的天然产物，有好多都是人类将矿物进行加工，从化学工厂中得到的。当然，在这么多盐类当中，最重要的还是食盐，也就是被我们简称为盐的那种，它是由金属钠和气体氯化合而成的化合物。

每个人一年当中消耗的食盐量是6~7千克。由于食盐同样会应用在工业中，为了供应工业和生活，全世界每年开采食盐1800万吨，这个数目超过了100节车厢或是两万列火车的承载量。

如果没有食盐，人们就无法生活，所以那些不出产盐的地方要从别的地方买盐。非洲中部的一些地区不出产盐，这里的居民甚至会用金子的价格去买盐，也就是愿意用1千克的金沙来买1千克盐。为了获得食盐，聪明的中国人将竹管安放在泉水边上，然后让泉水顺着竹管流进锅中，然后用可燃气体来煮盐。一般来说，国家文明程度越高，食盐的需求量就越大。第一次世界大战之前，挪威人的人均年用盐量大概是5~8千克，沙俄的人均年用盐量仅有7千克，但是德国人和法国人的人均年用盐量却高达15~20千克。

我想读者们应该知道，海洋是食盐的主要来源，这种物质在空中，在地球表面以及地球深处的历程全部由海洋开始，食盐在海水中的含量差不多共有2000万立方千米，相当于一个长1000千米、宽1000千米、高20千米的大长方体的体积。如果将这么多的食盐放到苏联，可以在整个欧洲部分铺上4千米至5千米厚。

也正是由于海水中食盐储量巨大，所以才会有众多纯净的食盐从海水中析出，形成非常庞大的矿藏。西班牙的盐山盐储量让人惊奇，德国境内拥有1千米厚的岩层，除此之外，在克拉科夫地区的地下的维利赤卡盐矿中甚至有一座食盐城市，马路、大厅、教堂、食堂，这一切都是从岩盐中开凿出来的。这些盐矿的形成原因，在看过上边的一些解释之后也就能够理解了。和这些地区相比，苏联顿巴斯的布良采夫盐坑以及契卡洛夫附近伊列茨堡的岩层中出产的食盐就是少之又少了。

不过，虽然这些地方的食盐储量"少"，开采的规模却不小。我现在就引用一段我在1914年参观伊列茨堡时候的记述，帮助读者认清食盐开采的规模：

我走进在矿井上方的一座小房子，在那里换上了工作服，打开手电后由采矿工长带着，顺着木质梯子向下走，两边偶尔会有点儿灯照明。木梯很短，我们很快就从木梯上下来，在这里，墙壁上已经都是些灰色的致密岩盐结晶了。深入到地下40米的地方后，我们来到了有着一条条水平坑道的旧开采面，这里全都是浅灰色的纯净岩盐，在灯光的照耀下闪闪发亮。这种岩盐非常致密，非常坚硬，不需要用木头来支撑。地面上以及拱形顶棚上有水流，由于岩盐的再结晶作用，这里出现了像是长了绒毛的白色块状固体。洞顶的岩盐形成了钟乳石，像是结了冰的柱子一样下垂着，地面上的岩盐也渐渐形成石笋，正对着钟乳石生长着。

这些坑道并不是岩盐的开采地点，坑道内有一个巨大的洞口，透过洞口就能看到一个长约240米、宽约25米、深约70米的宽阔大厅，这个深度，差不多相当于20层楼的高度了，并且这个长度约是四分之一千米，如此一来读者们就能够想象这个大厅的大小了。

我们来到了世界上数一数二的大厅顶棚下，这里才是真正的岩盐开采点。这个地方的上边顶棚用木头遮盖起来了，因为这地方实在太高，就算是一小块钟乳石掉下去了，也有可能伤及性命。

大厅中一共有8盏700烛光的电灯用来照明，这些灯光非常亮，会让人非常不习惯，甚至还会使人暂时失去视力。在视力恢复后我才看到了下边那些工作者的小车和人，他们只有蚂蚁般大小，这里就像是一个蚂蚁窝。

当然，食盐的出产点并不仅仅是岩盐矿，地球上分布着大大小小几万个盐湖，这些盐湖中食盐的储量非常丰富。单就位于阿斯特拉罕草原的巴斯昆恰克湖来说，这个湖的面积仅约110平方千米，但是其中的食盐储量却将近10亿吨，就算按照人类对食盐的最多需求量来算，这些食盐也能够供苏联的人使用400年。澳大利亚和阿根廷同样有非常多的盐湖以及盐土，总面积达1万平方千米，相当于一个边长为100千米的正方形。在这些盐湖中，食盐的储量也是非常惊人的。

也就是说，人类暂时没必要在食盐这方面担心，因为在很长的一段时间内都不会受到盐荒的威胁。在苏联，不管是食盐还是其他种类的盐，储量都是世界上最多的。

9. 镭和镭矿石

在一所几层高的大楼中有非常安静的实验室和研究室，从梯子向下走来到地下室后穿过走廊，便来到了一件比较小的屋子，这个屋子位于大楼的底部，四面全是混凝土制作的厚实墙壁。这里的门锁已经开了，能够看到里边有一个小型的铁柜。这里的电灯不亮，铁柜上打开了许多小门。如果我们的眼睛习惯了黑暗，那么就能在这些小门中发现微小的条状亮光。不仅如此，向导手指上的戒指也开始发光，他的手转动着，光芒随着手指和小门的距离拉近而逐渐变强。

电灯被打开了，向导取出了一条闪亮的条状物递到我们手中，原来这只是一根玻璃管而已，管中装有大约2克的白色粉末。毫无疑问，这些粉末只有一小点儿，不过它们的力量确非常可怕，它会连续放出粒子射线，这些粒子的其中一部分会变为在太阳中大量存在的奇特气体——氦气。这些粉末会发热，经过两千年后这些粉末的发热能力才将减到现在的一半。这些射线速度非常快，基本能够达到2万千米/秒，甚至有一部分还会等于光速。它的发热过程会持续几千年，热量也很充足，1克这种粉末发出的热量在1小时内就能让25立方厘米的水沸腾。

这种粉末便是镭盐，可以用来治疗几乎无法医治的癌症。它在某些情况下能够将人烧伤，某些情况下却又能够使人体组织免于死亡。

仅仅千分之几克的这种存在于玻璃管中的镭盐就足以治好很多人的病了。不过，人们在30年内，通过各种努力也才得到了600克的镭盐，这些对于全世界来说是根本不够用的。虽然它们的作用非常奇特，但是终究也只有600克，只有120立方厘米而已。

上边这些关于镭的故事是从最后开始说的，因为镭在变成镭盐之前还经过了非常长的历史。这些历史最初发生在地下，之后渐渐转到了工厂和实验室中。

任何土地中都可以找到极少量的这种金属，它存在于任何岩石中，不过含量仅有金、银含量的万分之一，也就是0.000,000,001%左右。它在地球上的分布非常分散，从一万万万份中样品中也许只能找到几份这种金属。不过，虽然它的含量非常少，但在10千米左右厚度的地壳中，它的总储量依然有100万吨左右了。这个总储量虽然不及金、银，但是1克镭的价值却已经达到了7万金卢布。虽然这个价格在人看来是最低的，很便宜，但是100万吨的话总价值就非常大了，用数字来描述的话大概需要在某个数后边加上15个或更多个的零。

当然，地球中的镭是无法被人类掌握的，所以这些计算只是一种娱乐罢了。不过在某些情况下自然也会帮我们一把，使这种金属堆积在某个地方。不过，堆积的数量仍然有限，100克岩石中无法发现超过百分之几毫克的镭。科学家曾经做过关于这方面的研究，他们发现镭的含量无法再比这个数字高了。事实上，镭矿石中的含量要比这个数字小很多，一节火车车厢的镭矿石中所含的镭并没有4～5克那么多，可能仅仅有1克或者更少，只是，即便只有1克也是非常不错的了，所以，人们必须学会如何从矿石中提炼镭。

非洲中部、加拿大的北极圈部分以及科罗拉多山地中都能够找到镭矿石。我们在研究了很多国家的镭矿床之后又在苏联转了一圈，有一次，我们在爬台阶走坑洞的过程中有一些疲惫，于是便停下来休息，并且交换了对镭矿石形成原因的看法，下边这些就是我们对远古地球地貌的一些观点：

第三纪是地质史上的重要时间段，在这个时间段内阿尔卑斯山刚形成不久，它沿着之前山系的线路继续隆起褶皱，将旧地层整个翻转过来并盖在了新地层上，之后地壳断裂，山系从大西洋岸边开始延伸，途径西班牙、北非、意大利、巴尔干、克里木、高加索，最后延伸到帕米尔以及喜马拉雅山。但是，它的运动还未停止，这种褶皱还会向北移动，形成了突厥斯坦山地，然后将帕米尔高原推升到了距海平面3500米的地方。直到这时，这种运动才逐渐减弱，在北方的山麓中消失掉了。

第三纪的中期，这种地质作用直到今天都仍在逐渐减弱，不过并没有停止，阿尔卑斯山系从东向西的线路上仍然在发生着褶皱和断层的作用。塔什干观测站中有一个地震仪，它观测发现这一带并不平静，突厥斯坦山脉和阿莱山脉也往往会产生非常大的地震。在地面断裂开来的地方出现了温泉以及拥有治疗某些疾病的泉水，它们同样存留到了今天。现在，在阿尔卑斯山附近的地壳逐渐平静的过程中，地下仍然进行着非常复杂的化学变化，镭盐溶液也从地下涌到地面上来了。

　　在这个时间段，地面的气候温和湿润，但是这种状况却并不均衡。于是，地面会像克里木山峰、克拉依那高原以及达尔马齐亚高原一样发生特殊的变化，生成喀斯特地形。雨水渗透到了石灰岩的裂缝中后将内壁渐渐溶解，就这样在石灰岩中一点儿点儿前进，在其中打开一条错综复杂的通路。

　　石灰岩山脊中的这种广泛发生的作用并不能确定是什么时候开始的，也许是在大海中的石灰岩隆起成为岛屿，并且大海逐渐消失的第三纪，也有可能是在河流侵入石灰岩并在其底部形成河床的时候开始的，不过直到今天，就算是在气候非常干燥、如同沙漠地带的地区，这些过程仍然进行着。

　　来自地下的热水将铀、钒、铜、钡等金属带入了喀斯特洞，当然，镭也通这些热水一同从地下来到了这里。

10. 磷灰石和霞石

　　磷灰石和霞石都是什么样的石头呢？

　　在不久前，青年矿物学家们还不是百分百认识这两种矿石，这两种矿石也不是在每一套矿石收藏中都能找到的。磷灰石的主要成分为磷酸和钙的化合物，有的时候是非常透明的小型晶体，像是绿柱石和石英，有的时候是和石灰石没什么区别的致密块状物，有时候是放射线状的球体，还有的时候是类似粗粒大理石闪光的粉色岩石。

　　霞石也是无法根据外观来辨认的矿石，它并不像名字那样好看，不仅是灰色的，还非常模糊，如果从远处看和灰色的石英是没什么区别的。

　　30多年前，人们几乎就没听说过这两种石头，不过现在的报纸上却经常出现它们的名字，"磷灰石"这三个字几乎已经成了个普通的名词。苏联的人们都把它看作是北极的金子，化学工厂中都在等待着它，种植谷物、亚麻、甜菜和棉花的田地中更是少不了它。

过不了多久，苏联的每块面包中都会含有几亿个从希比内来的磷原子，而铝制的羹匙也将是由希比内出产的霞石制作的。

这里又出现了一个新的名字"希比内"，这个词和苏联的磷灰石以及霞石都有非常密切的关系。

在本书的开头我曾经讲到圣彼得堡的青年们去位于北极圈的希比内工作的事情，并且还讲述了我们在沼泽、丛林和苔原等地方发现稀有石头的经过，当时发现的稀有石头中就有磷灰石。不过，现在的情况发生了改变，15年的时间内，希比内已经完全变样了，成为了第一个在北极圈里兴起的工业世界。

现在我们只需要从基洛夫斯克铁路上的阿帕基特站[1]乘坐电动火车即可到达这个城市。在我们刚来的时候，铁路旁边那条白河非常难渡，不过现在火车可以沿着河行驶，然后穿过森林开往武德亚岛尔湖，开往基洛夫斯克，开往那个充满了工农业技术和奇迹的地方。

我们下火车后并没有留心去看周围的风景，直接就改乘小汽车走上了一条路况非常好的道路前往库基斯岛姆乔尔山中的那些磷灰石和霞石矿坑。我们向左看去，出现在我们眼前的是乌尔基特支脉，这座山的四分之三都是纯净的霞石。之后，我们就看到了闪着光芒的尤科斯波尔斜坡。

我们经过了新的矿山城镇、邮局、药房、车库、公共食堂，行进了25千米左右后便开始顺着山路向山上前进。这里的路况越来越陡峭，一路上我们看到了不少飞驰的卡车、轰鸣的火车，听到了很多爆炸崩塌的声音。

我们继续向前，很快就到达了出产磷灰石的地区。三分钟后我们到达了一个非常有趣的工作面，这里的磷灰石发出了绿色的光芒，和灰色

---

[1] 阿帕基特就是磷灰石的意思，按照字面意思的翻译这个车站名叫磷灰石站。——译者注

霞石聚集在了一起，整个高达百米的峭壁就是这两种石头构成的。这一地带约有25千米长，围绕着这个苔原。如果想要开采磷灰石就需要挖到地下非常深的地方，甚至要深到海平面以下，这种埋藏深度在世界其他地方是极其罕见或是根本没有的。

这些闪着光芒的磷灰石都会被装上车运到两个输子坡，然后用钢索吊下去，在萨姆河（罗帕尔河）的河谷中再次装车，用火车运输出去。之后这些磷灰石就会分成两部分，一部分顺着火车直接运送到苏联的各大工厂，而另一部分则会被送到摩尔曼斯克，然后出口给别的国家。

当然，大部分的火车都不会开太远，在基洛夫斯克的工厂就会停下。这个工厂是世界规模最大的选矿厂，每年都能精选出非常多纯净的磷灰石。

选矿厂中的被碾碎的岩石首先要在大桶中浮选，绿色的磷灰石会和泡沫一起漂浮在上边，灰色的霞石则会沉在底部。经过浮选之后的磷灰石干燥后便可在巨大的电炉中制成磷和磷酸，不过现在它们会被运往维尼察、敖德萨以及康斯坦丁诺夫卡等地，供磷酸盐工厂制作肥料。

我很希望苏联的田地中每年都能够用上几百万吨磷灰石制作出的粉末肥料，也希望糖用甜菜和棉花地中都用上这种肥料。这样做的话，作物的产量会加倍，甜菜会长得很大，棉花产量更高，种子也会非常饱满。磷灰石是可以使土壤变得肥沃的岩石，它关乎着苏联的前途，不仅是农庄的财富，也是生命的财富。

不过，现在我们需要做一个简单的计算：在未来，苏联人民每人每天要吃下多少来自希比内磷灰石中的磷？

如果全苏联境内的谷物都是用磷灰石制作的肥料，那么这些谷物每年将消耗约800万吨磷肥。磷肥中磷的含量大概是8%，而这些磷中进入人体的也只有10%，所以计算可知苏联人每吃下1千克粮食后摄入的磷大约需要用到5克希比内磷灰石（少数的磷来源于苏联其他磷酸盐产地），每吃一口面包就将吞下50,000,000,000,000,000,000个来自位于北极圈内库基斯岛姆乔尔矿山中的磷原子。

现实中，苏联目前并没有那么多使用磷灰石来制作的肥料，因为苏联没有足够多的工厂来加工磷灰石。不过我们还是可以找到一个比较可信的数字，就是将上边这个数字中开头的50改为1。不过即便这样改，我们还是会在吃下一口面包时吞下无数亿个来自希比内的磷原子。

其实，每一块面包、每一块亚麻织品、每一件棉衬衣中都含有来自磷灰石的微粒，就算是我们吃到的糖，也是依靠着希比内的磷灰石存在的。不过我们并不会只在田地中使用磷灰石，它可以放入池塘，在水中溶解后可以加速鱼的生长；它可以制成贵重药剂，可以帮助经常工作的人消除疲劳；它能制成防锈的物质，涂抹在飞机的钢制翼面上可以防止生锈；它还可以在冶炼青铜和铸铁中发挥作用，改善铸铁和青铜的品质。总体来说，苏联的几十种生产工业中，都会用到这种产自本土的磷灰石。

如果想要将磷灰石应用在这些方面，必须将其中的霞石杂质去除，得到纯净的精矿石才可以。不过这并不是说这种霞石没有了用处，苏联的地球化学家研究了霞石的性质后发现它同样能够应用在很多工业部门中，比如用在制革工业中，可以制造优良鞣料；用在陶瓷工业中，可以代替贵重的长石；用在纺织工业中，可以用来给织品添加耐水性质。除了这三条，它最根本、最重要的用途便是提炼铝。

磷灰石和霞石的历史正在被人类进行创造，它们在之前都是无人问津的，不过现在却成了苏联最著名的矿产，地球化学家、工艺家、矿物学家以及经济工作人员都已经将这两种岩石看作了苏联工业文化史上的宝贵财富。

11. 黑煤，白煤，蓝煤，红煤

生活中最常见的就是黑煤了，家用炉子以及工厂的锅炉、冶金炉以及火车的燃烧室中都是使用的黑煤。它是非常巨大的能量源泉，是整个工业和整个经济部门的支柱，并被苏联人民称为"黑色金刚石"。这种称呼其实并没有什么错误，一个国家是否富强，就看这个国家的煤和铁是否充足，是否在盛产煤矿的地方建起了工业中心，是否有来自世界的矿石和原料运送到这个中心。煤是国家的神经中枢，国家的发展就依靠着它。苏联的顿巴斯以及库兹巴斯都是非常著名的地方，它们是苏联主要的锅炉房，并且是苏联黑色冶金业的中心。

不过，在煤的利用方面也有非常多的问题。技术飞速发展，人们的需求可开始渐渐更新。为了满足这些需求，人们需要不断去克服出现的一系列新问题，于是现在和过去的人们一直在寻找能源。

古代的人们不会利用大自然带给他们的力量，只会征服同为人类的人类，将他们变作10个才能顶上一匹马的奴隶。

这个时候，人类已经前进了非常远的距离，只做了相当于30万~40万人力的机器，建立起了输电装置。俄罗斯著名物理学家乌莫夫曾说，人类就像是在"顺着长达几千俄里的金属线将千百万的奴隶瞬间送到了需要他们的地方"。

人们在目前运用到的自然能量约合30亿人力，也就是3亿马力。不过这远远不够，人类仍然需要寻找新的能源。那么，我们还能在什么地方获得能源呢？

现在我将一些能源写了出来并列成了表：

1.活煤——人以及其他动物的体力。

2.黑煤——天然碳，比如无烟煤、烟煤、褐煤、炭质页岩等。

3.液态煤——石油，地沥青。

4.气体煤——从地下涌出的可燃气体（烃类）。

5.灰煤——沼泽中和湖泊边的泥炭。

6.绿煤——木柴和蒿秆等植物。

7.白煤——从高处向低处流的水。

8.蓝煤——风力。

9.青煤——海水潮汐。

10.红煤——太阳能。

近年来第一种能源的使用是越来越少了，第三、第四种的其中一部分会保留下来进行化学生产，第六种的使用已经开始减少了，目的是要把木材等留给更加需要它们的工业部门，第八、九、十种目前来看在近期还是不会成为主流，因为人们暂时没有找到利用它们的好方法。

现在看来，人们利用最多的也就是第二、五、七种能源来发展经济，不过就算这样，也只是能将散落在非常大片区域内的泥炭收集起来，然后将瀑布的水能利用上，缓解煤的使用量。

人类所有的历史中，所有消失掉的煤已经约有500亿吨了。目前世界上的煤产量约是每年10多亿吨，这些是超过100万列货车的运载量，并且，每过100年，煤的总开采量就会上升到原来的50倍，于是人们开始担忧这么开采下去的话地球上的煤能够用多少年。

经地质学家的计算发现，地下一共储藏了大约5000亿吨煤，差不多可供人类开采75年。根据这个数字可以看出，人类想要发展下去的话，只依靠煤是不行的，必须寻找其他的能源。白煤，也就是水从高处落下时产生的水力是首先引起人们注意的能源。据估计，这种动力的总量约在7亿马力左右，不过仅仅有5%得到了开发利用。现在，人们将河流拦截下来，建设大型水电站，将瀑布引导水轮机中，每年都支配了相比往年更多的水力。

不过白煤这种资源并不是无限的，它所提供的能量不过是70亿人力而已。在煤和石油用尽的时候，白煤对人类会起到非常大的帮助，不过这种帮助是有限的，因为这种能源本身是有限的。不过相对的，人们的需求增长却没有限度，所以，科拉半岛、卡累利阿、高加索、中亚、阿泰等地的水力也一定要开发出来。

现在的人们更加注重蓝煤的开发，也就是风力。很久之前人们就已经能够利用风开动帆船，转动风车，不过虽然如此，我们在这一领域的路还是很长，思维还有很大的发散空间，毕竟现在的人们还是无法完全制服这种能量巨大但是极其不稳定的风力。在我看来，将来利用这种能源的地方，一定是卡查赫斯坦草原以及西伯利亚西部草原。

在海边，每天两次涨潮的时候总会有非常巨大的浪打在海岸上，这种情况说明它也是一种天然能源。不过，人们对这种青煤，也就是在青色大海中产生的潮汐能量的利用暂时处于停滞阶段，对于波罗的海、白海和黑海等地涨潮时的浪涛能量无法做出准确的估计，同样，摩尔曼斯克地区以及太平洋沿岸海湾中的这种动力也无法做出正确估价。

世界上储藏的能量一共有多少呢？

俄罗斯的物理学家乌莫夫曾在一次演说中提到了这个问题的答案：

我们目前必须寻找新的能源，不论是从生物界得到的还是从非生物界得到的，比如风能、水能、火能等，都是地球用各种办法捕获的太阳能。以现在的情况来看，目前的很多能源已经快要被用尽，呈现出匮乏了。

我们必须进入一个更高的阶段，在地球这个储藏库中寻找更多能源的时代过去了，我们要做的是去宇宙这个大宝库中寻找能源。如果不能从物理学上找到一些令我们增加信心的答案，我们的文明就会被这个结论给扼杀掉。

我们的眼光已经比鸟还要锐利，看到无限的太空并非难事；我们的思维已经比鹰还要迅速，可以瞬间到达海洋对岸；我们的速度和肌肉发达程度已经比地球上任何一种野兽都要强，那么我们到底还需要什么？

我们已经将动物甩在了身后，现在我们正在试图学习植物的本领，用一些仪器来捕获太阳能。

距离太阳有一个地日距离的地方，太阳光在每平方米的表面上产生的能量约是2.6马力，这些能量会被大气中的水蒸气、二氧化碳、云以及尘埃吸收一部分。纬度45°附近，每平方米上接收到的能量约是1马力。如果地理位置以及光照时间等因素都考虑在内的话就可以发现，每年落在撒哈拉沙漠中的太阳能约是目前人类对能量总需求的1万倍。

人们的未来一定需要红煤，也就是太阳能，就是那些能够代替煤、泥炭、石油以及水力的太阳光。在这个时候，人们将天然富源和地下富源全部使用一空，并且将流动的水和风都控制住了，所以如果再发展的话只能是用太阳能来代替黑色金刚石了，于是我们会将目光转向中亚。中亚在一年四季都会得到充足的阳光照射，太阳将会开动机器和交通工具，温暖屋子，烧热锅炉，这将是我们的最新能源。

目前我们已经向前前进了一步，我们看到了原子内部蕴藏的能量。这些能量要比煤中含有的能量大千万倍，1千克铀便能够抵得上几列火车所能运载的优质煤，这也正是人类未来的希望。

12. 黑金

黑色的液态金子名叫石油，是地球上最了不起的矿物之一。虽然其中含有一些挥发性的物质比如汽油等，并且还会在某种情况下凝固出石蜡以及重油，但是它的确会流动，所以说它是液态的。这种矿物之所以被认为是黑色，是由于它在开采出来后是一种具有芳香气味的黑色物质，只有在工厂中经过提纯分馏等一系列工序后才会变成纯净、透明、无色的多种液体。不过，这些液体在阳光的照射下会反射一些色光，于是便会呈现或绿或紫的颜色。

石油是金子这一比喻并不过分，它本身就是一种天然富源，欧美各国为了这种天然富源不停地发生争执或是流血战争，使用武力来控制出产石油的地区。

目前，苏联已经能够自己生产汽油、煤油和重油来供本国使用了，并且在高加索，每年还会有400艘轮船装载着200万吨石油产品出口到国外。

石油的钻井会深入到4千米以下的地方，每个地方都在寻找石油，并且每发现一处蕴藏着石油的地方都会引起人们的兴趣。乌拉尔中部以及乌拉尔南部的斯捷尔利塔马克（叫作"第二巴库"）附近发现了石油，于是乌拉尔便有了能够自给自足的燃料；土库曼的涅夫捷达格发现了石油，这里的石油会形成非常好的石油喷泉，每天都会有几千吨石油喷上来。

不过我们说了这么多，石油到底是什么呢？它到底来自哪里？

其实这个问题回答起来并不容易，其来源和成因也是科学家们一直在争论的话题。俄国著名化学家门捷列夫曾经影响了我们的想法，于是我们曾认为石油是地底深处的过热水蒸气和含碳化合物发生了作用而产生的，然后再喷到地面上。不过目前我们发现，石油的产生深度并不大，并且石油是由植物，尤其是藻类的残体生成的。

苏联地域广大，诺夫哥罗德省以及加里宁省得湖泊中的湖底上都覆盖着非常特殊的腐泥，这种物质是生物死后的残体和淤泥一同混合形成的黑色粥状物质。当这种物质被沙子或是黏土覆盖而沉入地下，在地球内部热量的作用下便会变成非常类似石油的物质。苏联南方也就是中亚的太阳会引起这种作用，巴尔喀什湖的大浪经常会将这些黏性的黑色物质冲到岸上。这种黑色物质非常类似橡皮，并且像是好几种石油的凝固产物。这种黏性的黑色物质便是著名的巴尔喀什腐泥煤，其原料是岸边的芦苇腐烂后的产物。

我们目前已经得知了石油生成的地质条件，它们总是会沿着山脉分布，比如高加索山脉。这种说法并不是毫无道理，因为在山脉环绕的低洼地带、泥泞的湖泊以及浅水海湾，沉积物的生成以及沉积物在地底受热的条件都要好上很多。

这些石油一般会和盐以及石膏矿层相连，和石油一同流出的水中含有碘和溴，这些元素都从侧面说明了海里的植物在生成石油的过程中起到的作用。

美国地质学家曾说美国的石油性质非常特殊且有趣，在地下700~800米的地方发现了带有细菌的石油。如果说这种细菌是从地上渗透到地下的，那么这的确很难想象，所以人们猜测这些细菌是某些生物的后代，并且这些生物早在石油形成的时间段就已经存在了，目前的一些研究工作正在试图证明这个假设。

从这些情况来看，石油正是古生物的残体形成的，我们目前的工作就是寻找这些石油，并且开采它们。

石油被开采出来后，可以进行分馏或将它转化成其他更有价值的物质，也可以直接放入炉子燃烧或是用来照明。不过，地球所储藏的石油最多供人类使用150年，那么真的到了那个时候，人们又该怎么办呢？

我们并不需要太担心，化学家在将来会将劣质煤、油页岩、泥炭等物质变成汽油和煤油，并且可以用劣质煤制造人工石油。

13. 稀土元素

大自然中的罕见的稀有物质比如钛、钽、铯、钼、铪、锆等金属和土族元素在目前也逐渐开始供应工业生产了，变成了常用品。在之前，人们几乎没有听说过它们，化学家和矿物学家也是一样，不过现在它们却罕见地发挥了作用。这些化学元素中的某几种已经开始加紧制取，它们的用途也是难以想象的。20年前，铪元素被发现，哥本哈根的实验室用了很大力气才获得了几克铪，不过与之相反，铪的用处却很快被发现了。如果在灯泡的灯丝中加入一些铪，便能极大延长灯丝的寿命，于是铪这种金属也就越来越贵重，1克铪的价值甚至高达1000卢布。

不仅仅是这一种，其他金属的用途也逐渐被发现。锆可以用来制作搪瓷的釉，锂可以制作干电池，钽可以用来制作灯丝，钛可以用来制作不易褪色的白色颜料，铍可以用来制作质量非常轻的合金。和这些元素相同命运的还有另外一族元素"稀土族元素"，这些元素主要包括铈、镧和钕[1]以及钍。

维也纳的天才化学家奥埃尔在很多年前曾经发现了非常有趣的事情，他在将钍盐和一些稀土族元素的盐放入煤气灯火焰中后发现这些盐变热了，并且煤气灯的光芒也越发明亮，于是他便打算将这个发现应用

---

[1] 钕其实是两种元素，其中一种名叫钕，另一种名叫镨。莫桑德在1841年从氧化镧中提炼出了新的粉红色氧化物，他认为这种氧化物中定然含有新元素，于是命名为钕，但奥埃尔在1885年从钕中分立得到了钕和镨。——译者注

在照明领域。不过，他的这一想法并没有得到人们的认可，由于这种盐类非常少见，于是他的这些想法，也就是为这些盐寻找用途的想法被认为是空想。不过，奥埃尔并没有放弃，他决定自己去寻找这种天然的物质。终于，他不久后在巴西的大西洋沿岸发现了非常多的金黄色矿物的矿砂，这种矿物的名字叫作独居石，其中含有钍和其他的稀土元素。

在退潮后的潮湿海岸上经常能够收集到这些金黄色的独居石颗粒，于是远洋轮船便开始将这种珍贵的矿物成千吨地运往汉堡。维也纳的工厂将这些从巴西运来的独居石中提取钍以及稀土元素的盐，制成溶液后将用细软纤维制成的纱罩浸泡在溶液中。过一段时间后将纱罩取出并干燥，于是就得到了煤气灯罩，在煤气灯点燃后便会变成非常脆弱的罩子。

煤气照明装置在20年前就发明出来了，但在现在才得到这样的改善：本来它的火焰会不停颤动，并且呈黄色，不过经过这种改动后便安分了下来，光线也变成了更加强烈的白光。这种煤气灯罩在全世界范围内一共只做了3亿个，如果电灯没有发明出来，这个数字还会更巨大。不过，在制作煤气灯罩的时候需要用到大量钍，其他的稀土元素仅仅使用非常少的几种，其他稀土元素比如铈的盐类就变成了"废料"，没有什么用处，大量堆在工厂中。

正是由于这个原因，人们必须找到它的用途。虽然人们在这之后25年才发现了铈的用途，不过这种用途对于这种稀土元素来说异常的合适：稀土族元素和铁的合金在和钢相碰的时候会发出温度高达150℃～200℃，足以点燃汽油、棉花、麻屑等易燃物的高温火星，于是人们便开始使用这种"燧石"来制作打火机，得到了广泛使用。

虽然如此，但是稀土族元素中还有很多元素没有办法用到，直到最近，人们才发现加入了稀土族元素的玻璃会呈现金黄色、黄色、红色、紫色等鲜艳的颜色，于是人们便开始使用这些玻璃来制作器皿、茶杯和花瓶等用品。红色的玻璃算是这些有色玻璃中最受欢迎的了，光线在穿透这种玻璃后便有了极强的穿透性，可以穿透浓重的雾气，于是这种红色玻璃便用来制作交通信号灯。玻璃工业在这种情况的影响下也渐渐发展壮大，出现了很多新部门。

其实，物质的经历大多如此。比如智利硝石，在刚刚运往欧洲的时候人们都不购买它，所以这些智利硝石也只能丢弃在大海里，不过硝酸盐在如今已成为了非常重要的肥料；在之前，含有磷的铁矿石被认为实用性不好，但在托马斯想到了冶炼它的方法后，它的大用途才显现出来。使用托马斯的方法将这种矿石炼成钢铁后，磷都聚集在了熔炉的内壁上，炼出的钢铁性能非常优良。

世界各地的实验室都在研究利用各种矿物的方法，在无数次分析和实验中找到新的思想，然后发现新的道路，开创新的辉煌成就。

14. 黄铁矿

黄铁矿是地壳中分布最广泛的矿物之一，在平原或是山地中都可以找到它。黄铁矿的晶体为金黄色，矿物标本中也经常能够见到它的身影。在希腊文中，"黄铁矿"的意思是"火"，这不仅仅因为它在阳光下会显现金黄色，也是因为它在受到钢的敲打后会出现火星。

这种矿物随处可见，就如同石英以及方解石一样。不过与后两种矿物不同的是，黄铁矿在很多环境条件下都可以生成，就算是在腐烂的粪堆中也有可能生成非常小块的黄铁矿，有一次一个矿物学家在粪堆中寻找老鼠尸体的时候就发现了黏附在老鼠尸体上的黄铁矿晶体。

莫斯科河沿岸以及圣彼得堡附近的河岸上都能够找到这种小型的黄铁矿晶体，波洛维奇市附近以及图拉省的工人们也往往能从煤中找到黄铁矿碎块以及黄铁矿晶体，高加索的军用格鲁吉亚大道边，孩子们经常能从页岩中找到金黄色的小型黄铁矿块，乌拉尔矿井的熔化岩脉中同样有和金子一同闪光的黄铁矿。

看来，苏联真是到处都有黄铁矿。

最先发现黄铁矿的时候它的成分成谜，人们都把它当作了金子或是铜矿，于是将它们小心地珍藏，不让外人看到。现在，世界各处都在寻找黄铁矿的矿床，它在历史上的意义也变得非常重大，因为其中含有50%的硫。目前，西班牙、挪威、乌拉尔以及日本都找到了黄铁矿，已知总储量约为10亿吨。这个数字虽然很大，但是我们仍然觉得这个还不够，这是为什么呢？

黄铁矿是制作硫酸的材料，硫酸又是制作肥料以及炸药的重要材料，是很多工业部门的重要原料。如果不能制造硫酸，那么一个国家就会处在非常困难的地位。

很长一段时间以来人们都只会使用天然的硫来制作硫酸。由于意大利南部著名的西西里岛生产硫，所以很多国家都会去讨好意大利，不过，如果没有落到什么好处，有时候就会派军舰去意大利沿岸示威。这种情况一直持续到了1828年，这一年，人们发现可以使用黄铁矿等物质来制造硫酸。黄铁矿是非常容易寻找到的矿物，用它来制造硫酸显然非常合适，于是人们便开始寻找黄铁矿。1856年，人们终于在西班牙西部以及葡萄牙发现了巨大的黄铁矿矿床，在这里埋藏着非常多的黄铁矿，并且开采和运输都非常方便。于是，天然的硫出现了最有力的竞争者，黄铁矿的优势渐渐显现，葡萄牙也成了当时世界瞩目的地方。

天然硫和黄铁矿的竞争非常激烈，美国又找到了从地下开采天然硫的廉价方法，向地下充入高温水蒸气，使位于地底的硫熔化，然后流到地面上。这种方法非常简单并且省钱，挤掉了采硫的旧方法，也挤掉了黄铁矿的地位，西西里岛大量的工人和农民也因此破产。因为这种新方法的发现，黄铁矿再次变得无人问津。

不过这并不代表硫和黄铁矿的竞争到此为止了，人们开始投入巨额资本，将开采黄铁矿的工作机械化，于是西班牙的黄铁矿又再次变得廉价，在这场竞争中第二次占了上风，工厂设备也开始随之改装。不过，天然的石膏同样很多，其中也含有不少的硫，并且也可以很简单地制造出硫酸，那么为何不用石膏去制造硫酸，而是使用硫和黄铁矿呢？

可想而知，石膏在将来很可能取代硫以及黄铁矿的地位。

看来，硫酸生产作为农业和国防工业的基础，与技术有非常紧密的联系。哪怕技术仅仅有非常小的进步，也会打破之前的平衡，可以贬低天然富源的价值，也可以使原本无人问津的物质为人类服务。

这就是黄铁矿，这种地球上最大天然富源的命运。我想，读者们根据这一节可以得出自己的结论了：自然界中的物质是没有有用无用以及作用大小之分的，技术成就越大，对这种物质的了解越深刻，人们就越是能够全面、多样地利用自然。

第七章

给矿物爱好者的话

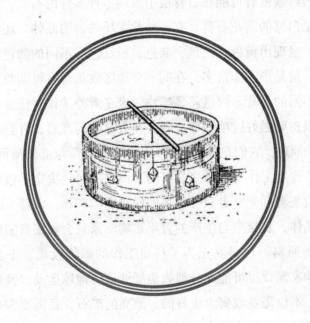

1. 收集矿物的方法

成为内行的矿物收藏家并不简单，必须要十分用心才可以，只有那些懂得矿物学并且处处留意大自然的人才能够合理地收集矿物。如果想做一个植物收藏家，那么即便不太懂植物学，那些主要的植物也是能够辨别的，也能够从很多同种植物中选择一些好的植株来制作标本；地质学家和岩石学家在收集的时候也是只需要从石块中找到一些典型（这当然也不容易），然后自己将石块修理成合适的形状。

但是收集矿物就不同了，因为有的时候矿物仅仅是非常小的颗粒，又有的时候会大块大块地堆在一起，并且虽然同为一种矿物，有一些的形态会有较大差别，有一些甚至会让专业的矿物学家感到头疼。比如在收集石膏的时候就有可能在石膏层中发现多种多样的石膏，有一些呈颗粒状、像是白糖的雪花石膏，有一些是大块的透明晶体，还有一些是致密的块状，呈现出黄色、白色、灰色、粉红色等不同的颜色。虽然它们都是石膏，但是形态非常多，在同一个地区收集都有可能收集到几百块形态完全不同的石膏。这也就是矿物学家在野外工作时任务非常复杂的原因，如果想要做好这项工作，就必须有足够的经验，并且非常熟悉现代矿物学的原理，它们是收集、研究矿物的矿物学家必须懂得的。

矿物的收集工作有非常多的目的，而这些目的决定了收集工作的性质。矿物收集者和爱好者只会收集那些漂亮的矿物，大部分是结晶很好的矿物或晶体，直接参与生产的青年矿物学家只会收集有实际作用的矿物、矿石等原料。但是真正为了科研工作的矿物收集就不会这么简单了，矿物学家需要尽可能充分地收集能够证明地球运动以及矿物生成作用的个体，不仅需要收集大量好的、漂亮的矿石，还需要为化学研究提供足够的材料，并且为了表明矿物之间的转换以及共生，还需要收集非常多的标本，于是，摆在这些人面前的就是非常艰巨的任务了。

其实如果想把普通的收集和为了科学和研究的收集分开是非常困难

的，并且这么分开也不适合，所以，科学研究的开端必然会是有意识地去收集。收集非常漂亮的矿物是非常让人向往的，但是需要很好的注意力、观察力和持久力，不过往往也会成为特殊的有趣活动，吸引着很多人。和这种收集相比，收集地表上那些不好看的淤泥或是土状矿物则是人们不怎么喜欢做的，收集爱好者也经常将这种矿物忽略，不愿意将它们放入自己的收藏中。但是，地壳的化学家，也就是真正的矿物学家必须要去注意这些矿物。

在野外工作的时候，矿物学家一定要有各种必要的工具，比如在石头不容易敲碎或是不容易将其中矿物取出的情况下准备好一个小锤子，并且还要准备各种凿子来应付不同的情况（图17）。拥有了这些凿子，就能够使工作进行得非常顺利，节约了时间，并且能够很方便地从岩石中取出小晶体或是标本。

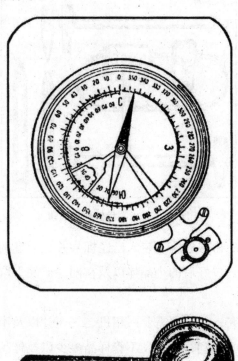

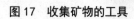

图 17　收集矿物的工具

当然，除了这些工具，放大镜也是必备的。配备一个能够放大8～10倍的放大镜就能够将组成岩石的矿物分辨清楚了，并且能够看到晶体的形状，缓解初步鉴定的工作压力。

还有一些其他必需品：小笔记本、铅笔、罗盘仪（矿山罗盘仪最好）（图18）、小刀、卷尺或是米尺、做好记号的、尺寸不小于6厘米×4厘米的标签、用来包装标本的包装纸或报纸、用来装贵重娇嫩的水晶以及散粒矿物的小玻璃瓶、不同尺寸的盒子、棉花。

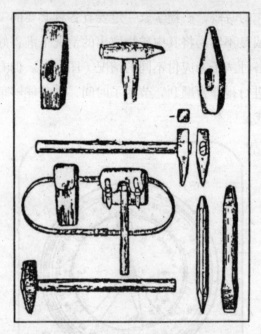

图18　矿山罗盘仪和放大镜

那些分散的矿物颗粒应该装入已经标号并且成套的帆布口袋中，除此之外，一些分开包好后的小晶体以及在同一矿块上取下的样品都能放在这些小口袋中。

为了进行研究，我们还需要照相机、气压计以及用来画地质图的彩色铅笔。在我们收集到样品后，不管样品多少以及样品大小，都要分开包装，不按照规定来包装方解石和萤石造成的毁坏我已经见过很多次了。并且我还有一点需要提醒那些勘探工作人员，每一种样品都需要包上两三层，并且需要包上一张之后才能包下一张。包好后，样品都必须做两个标签，再包上一层纸之后贴上，那些易碎的细条状晶体最好是先用薄纸包好后再裹棉花、麻絮以及细刨花等。

我上边提到的这些用品都要放在一个最好是能够背在肩膀上的袋子中，这样可以解放双手，便于在岩石多的地方勘探。由于矿石质量不一，并且非常沉重，所以一定要将背包中的物品均匀摆放。在结束勘探以后，我们就需要将这些收集品取出，放置在箱子中发到需要的目的地。这一步也不能掉以轻心，这些包好的样品再放入箱子的时候一定要紧挨着，不让它们有活动的余地。并且要注意，不要在这箱子中放置容易被震动而弄碎的干草、蒿秆和刨花，以免使样品产生碰撞。并且，箱子本身需要十分牢固，质量不能超过15千克，避免将样品放到特别大又特别重的箱子中。

不过，收集样品的量是多少？又该收集什么样的样品？

这个问题如果回答起来的话比较吃力，回答也不会太完整，因为这些都是需要大量经验和自然知识支持的，当拥有了这些，才能够正确、完整地收集矿物。并且，要想使收集到的样品在形状和颜色方面表现出该矿物的特性，还需要一定的艺术思维才行。除此之外，在收集时一定要收集典型的、大小足够的样品，以便展现矿物和其所处环境的关系，然后在收集后还需将矿物修整一下，使它们变为规则的平行六面体，最小尺寸不应小于6厘米×9厘米，大块堆积的矿物则不应超过9厘米×12厘米。

勘探工作结束后发现样品都变成了没有完整形态的碎片，没有了价值，只会给博物馆等地方添麻烦，这种情况并不少见。不过我们也不能走极端，并不能为了使它们形状一致而全部进行大修整，这样只会将一些美丽的矿石给破坏掉。

一般情况下，在收集样品时一定要收集全面，宁可在以后将自己用不到的样品丢掉，也不要在离开之后后悔自己收集的样品太少。有一些勘探者认为自己终究会再来，所以开采的样品非常少，但这些情况大都是不会实现的，于是他的收集品就不全了，价值也就大打折扣。

如果在野外发现了什么事情，一定要做好笔记，比如发现了样品。每一个收集到的样品都应该进行记录，内容是：该种矿物的数量以及发现的位置，比如是从岩屑中收集到的还是从岩石中收集到的，是从小河的砾石中还是从河床的冲击物中找到的，等等，之后将这些记录标上号码，写上收集时间、区域以及收集者姓名。

有意识的、熟练的收集者往往会将这些记录做得完全、精确，并且收集品的价值和记录的好坏有着密切的联系。很多收集者，特别是业余收集者都会犯一些错误，不去做标签和记录，而是希望自己能够用脑子记住本该记录下来的东西。这样，很多有趣的收藏品因此失去了价值。不仅如此，有些收藏者在收集的时候没有做好记录，而是在之后凭记忆加以修正或是填补记录，那么，很多收藏品的记录就会不完全或出现偏差。我们一定要知道，收藏品是可以供大家共同研究的，所以一定要做好记录，使别人能够看懂。

按照这些规则得到的收集品在很多方面都是有重要价值的，它们可以让勘探者得知在收集到这些收集品的地区曾经发生过或是正在发生着什么样的化学变化，这些东西了解得越多，收集的结果对科学和工业的价值越大。其实在苏联境内，对那些矿产丰富的地区的研究还是不够，不算透彻，所以在这些地区发现的每一块严格按照上述规则得来的新收集品都是非常有价值的，可以提供重要的研究资料。

于是，勘探者们都可以为苏联天然富源的研究做出贡献。当然，仅仅收集矿物并做出记录后带回是不行的，必须要将它们分类鉴定，与之前在同一个地区得到的收集品相比较。一些诸如苏联科学院矿物博物馆等的大型科研机构都会非常支持勘探者们，还会在查看了勘探者带来的资料后告诉他们哪些材料最有趣，并且告诉他们采集时的注意事项。

勘探完毕之后，应趁着自己的记忆还很牢固，立刻对收集到的资料进行整理，改正收集工作中出现的缺点，并将这些收集品收藏好，以便日后使用。只有根据这种流程来进行，才会使勘探得到应有的效果，能够推动科研工作，并使勘探具有科学和实践的纯粹性质。

我对矿物收集方面的意见就说到这里，不过在结束前，我打算引用一下瑞士著名旅行家和地质学家德·索叙尔的一句话："只有那些知识渊博，并且考虑事情面面俱到的人，才能在旅行中得到非常好的收藏。"这句话中的道理是非常正确的，所以，每一位矿物爱好者都应该在去矿物丰富的地点旅行前带上矿物学的课本，或者去大型博物馆看一看，对照着课本看看博物馆中的收藏，在理论修养得到提升后才可以去大自然中进行收集。德国著名的地理学家李希霍芬曾经在中国各地旅行，他对索叙尔的话进行了一些补充："研究家最有用也是最重要的工具就是自己的眼睛，他的眼睛不应放过任何一个细微的现象，因为这些现象往往会引出非常重大的结论。"

2. 鉴定矿物的方法

在矿物收集完毕并且运到家中后，就需要做一件新的重要工作：鉴定。这一工作主要是研究矿物的构成以及名称。这个工作并不容易，因为目前人们所知道的矿物以及其变种总共约3000种，常见的矿物只不过占其中的十分之一，也就是只有二三百种，其他都是不常见的矿物。

在做这一工作前，首先需要确定矿物的化学成分，确定其中含有哪些元素，然后才能够找到它的名称。为了达到这个目的，200年前的人们就发现了简单且巧妙的办法：使用吹管。将吹管的嘴先放入烛火或是煤油灯火中加热，然后向里吹气，这样能够使烛火或是煤油灯火达到1500℃的高温。在这种高温下，如果将玻璃放进去，它马上就会熔化；石英的熔点高，放入之后不会出现熔化现象；将长石放入火焰中，它就会变成一团白瓷状物质。于是，由于石头的熔点高低不同，所以依靠火焰就能将这些石头区分开来。

经过这一步的初步区分后，将需要鉴定的矿物取出一些磨成粉，放入水中搅拌后置于一小块木炭上，再次将它放入火焰。一些矿物们在这时就会熔化，出现金属光芒的球体了，比如铅、铜、银等等。不过也有例外，有的矿物会在木炭上覆盖一层白色、黄色或是绿色的薄膜。

当然，这并不是唯一的办法，还可以将矿物放在细玻璃管中后再放入火焰，这时，有一些管的内壁上就会生成水珠或生成有颜色的薄膜。

上边的每一种实验都是一种化学反应，我们可以根据这些化学反应的条件以及结果来断定矿物的成分。

不过吹管并不能适用于所有情况，为了进一步确定矿物的成分，还需要进行其他的化学分析，这就需要用到试管、玛瑙研钵、细白金丝以及各种玻璃瓶了。

将矿物敲碎后在研钵中捣成粉末，之后放入盛有酸或普通水的试管中加热直至沸腾。一些矿物会在这个过程中溶解，另一些则不会溶解；一些矿物和酸反应时会出现气泡，另一些却不会和酸反应；于是，根据这些条件以及化学反应的现象，就可以得出进一步的结论。这些结论还不是最终的成果，除了化学性质，我们还需要研究石头的物理性质，比如密度以及硬度。

如果没有专门的天平，那么密度这一项就很难确定，但密度又是确定矿石的一项非常重要的指标，因为各种矿物的密度各不相同，相差非常大。比如有一些矿物和水的密度相差无几，但有一些矿物的密度是水的20倍。其实和密度相比，测试硬度算是最简单的测试方法了，只需要用一种已知矿物去刻画另一种矿物即可分辨出矿物的硬度大小，这些矿物很容易寻找，每个矿物学家都会有这样一套装在专门盒子里的矿物，滑石、石膏、方解石、萤石、磷灰石、长石、石英、黄玉、刚玉、金刚石，这就是矿物们按照硬度排列的顺序。

这些方法使用得当，善于运用吹管以及其他化学反应来研究矿物的话，我们就会很快学会鉴定的方法。当然，我们还需要参考一些书籍，因为这些书籍会告诉我们如何一步步完成鉴定工作。完成这些鉴定工作后就可以得到矿石的名称了，之后就需要去书中看看关于矿物的资料，将自己得到的结果和其进行比对，如果颜色、光泽、形状等方面都与书中一致，那么就代表鉴定是正确的。这个时候就应该对该矿物做一些科学的叙述，并且将它和含有同种物质或是出现在同一地方，又或是在自然界中和这种矿物一同发生着变化的矿物进行联系。

3. 整理收藏品的方法

当按照前两节所说的方法收集并鉴别之后，我们就会拥有很多种知道了名称的石头和矿物。这时的石头都有了自己的身份，我们已经知道了它的名称、产地、发现时间、发现者以及和其相似的矿物种类。于是，做好这些后，我们就可以进行整理了，这些矿物是我们和学校的同学或工厂的同事一同收集的，那么现在我们就来将它们整理一番。

整理工作既可以在学校的小型博物馆中做，又可以在工厂里做，地点并不是固定的。只要做这件工作的人足够认真，足够有耐心，那么所有的矿物爱好者都可以到学校或是工厂来帮忙。不过，有一些同学在一开始对收集矿物这件事兴致勃勃，还会在家里做分析，不过在半年后却将这些都忘记了，这样的话那些矿物收藏就会被弄乱，他们本人也会对其他的事情感兴趣了。当他们想到这些收藏时，它们已经覆盖满了灰尘。

这种情况是应该避免的。

说完这些，我们就可以在条件齐备的情况下动手整理了。首先要做的是准备一个用来放置矿物收集品的柜子，如果收集者本人会制作柜子就是再好不过，因为这些柜子都是有特殊要求的。

这种柜子算是抽屉柜，一共20个抽屉，每个抽屉高10厘米左右。虽然听上去不多，这种柜子却可以容纳1000多件石头藏品，如果摆放合适，完全可以将整套收藏容纳进去。当然，如果得到了非常漂亮的藏品，那么就可以准备一个透明的玻璃柜，可以将漂亮的石头和晶体等摆在玻璃柜的隔板上。

当然，这种玻璃柜很难买到，在无法买到它的时候自己制作一个带格的浅架子也是不错的选择，并且要在架子的周围围上帘幕或是几张纸，以免摆放的石头落上灰尘。要知道，矿物最大的敌人就是不起眼的灰尘，它们可以轻易进入矿物的缝隙以及纹路中，这样我们就不容易将它们清除掉了，毕竟有些矿物是溶于水的，用水洗的话矿物会被破坏掉。

在做好收藏矿物的柜子之后，我们还需要说一下整理矿物的一些其他事项。我们在装矿物的时候需要将它们放置在边缘不高于矿物高度1~1.5厘米的盒子中，并且除了同地区出产的相同矿物或晶体可以放在一个盒子中，其他的都需要单独放置。盒子中一定要有独立的标签，这个标签的大小是按照盒子的尺寸来的，上边注明该矿物的拥有者、发现者、发现地点、发现时间以及该矿物的名称。这些信息中，发现地点一定要详细准确。

如果想要用台座将矿物展示出来，那么就需要将台座的前侧面切成斜面，按照斜面的大小来制作标签。当然，这种标签上的注释就会相对简单一些。不过，如果矿物是类似石墨以及白垩等会把纸弄脏的种类，那么就应该对比着盒子的大小切割一块玻璃，用它将矿物和标签分离开来。

这一步之后就需要给收集品编号了，先要将收集到的矿物的名称依次编号，将发现地点以及标签上的信息都记录进去，然后在标签上写上这次的编号号码。做完这些后就可以剪一个小正方形纸片贴在样品的背面，注意不要让胶水弄脏样品，以免使样品减色。这些盒子在排列时需要按照次序，这个步骤也有不同的做法。

这个次序最好是指导书籍里介绍矿物时的顺序，每一本矿物学教科书都可以用来指导，这是其一；另一种方法就是按照矿物的产地摆放，某个抽屉放乌拉尔出产的矿物，某个抽屉放高加索出产的矿物等，这是其二；最后，如果想将它们当作生产型收集品，那么就可以按照其成分来摆放，比如将含有铁的矿物放在一个抽屉，将含有锌、铜等的矿石也分别放在一个抽屉，这是其三。并且除了这三种办法，如果你想办一个"临时展览"，那么就可以将矿物中的有色宝石挑选出来，分类后陈列。比如将在融化的岩浆中生成的矿物划为一类，将自己城镇附近的，可以供工厂使用的矿物划为一类等。这些收集品不论多少，都不是呆滞、普通的石头，我们随时可以花心思去研究。

一些精干的青年矿物学家非常喜欢收集矿物，他们的收藏品增长速度特别快，然后就发现这些柜子和盒子都放不下了，但是定做新的需要钱，并且也没地方摆放。于是在这种情况下就需要用那些好的样品将不好的样品换下来，并且将有趣的样品挑选出来。这项工作非常繁杂，并且只会比之前的摆放工作更加繁杂，因为这个工作不仅仅需要比较样品，还需要比对它们的产地，将有代表性的矿物挑选出来，为了达到这个目的，还必须将自己的样品和博物馆中的样品进行比对。从收集品中找出来的矿物就是"复份样品"，我们既可以将它们送给别人，可以以用它们来做具有破坏性的、更加详细的研究，比如放入酸中或是放入火中。

在我们不断收集的过程中，我们的藏品肯定会越来越多，甚至会有几百件，在这种情况下我们所缺的可能就只有几种矿物了。现在做一个假设，如果我们有几乎全部的铁矿，但是没有磁铁矿；我们有几乎全部的有色宝石，但是没有孔雀石。在这两种假设下，我们就应该想办法将这两种缺少的矿物样品拿到手，除了自己收集，让在矿山以及工厂的熟人帮忙收集是不错的想法，直接去大博物馆要、去教学用品商店购买也不失为一种选择。

收集矿物这些事情真的不简单，只有非常关注这件事上，拥有大毅力并且愿意用全部精力来把它做好的人才会得到一套非常好的矿物收藏。

4. 寻找矿物的方法

我决定将罗蒙诺索夫在150年前说的名言拿来当这一节的开头：

我们现在要在祖国四处行走，研究各地的情况并分类为有矿石产出和无矿石产出两类，之后去那些矿石的产地寻找该产地的标志。我们现在还要去寻找金、银等金属，寻找特殊的石头以及大理石、板岩、祖母绿、宝石、金刚石。我们的旅程并不枯燥，虽然我们不会在这一过程中发现宝贝，但是会见到很多对生产和建设有用的矿物。如果我们能够开采它们，将会为我们带来巨大的利益。

之后他又补充说："我们必须用双眼和双手去寻找，因为金属和矿物是不会自己跑到我们的院子里来的。"

其实这么短短的几句话说出了几乎全部的事项，但我还是打算再说几句。

我们在前边提到了青年矿物学家收集矿物的办法，但是我们并没有提到如何去寻找矿物。然而，矿物学的主要研究目的正是这个，如果只收集矿物而不去想这些石头能够有什么作用，能够应用在哪里，那么就不能算是一个好矿物学家，不能算是一个好公民。苏联青年们为了寻找矿物，一般会在假期结队出行，在最近一段时间内非常普遍。

不过，矿产并非很容易就能找到，想要在这方面做出贡献，首先应该做一个细心且善于思考的矿物学家。想要寻找矿物，必须了解当地的地质和矿物，这样他才能够知道这些地方有什么矿物，自己能寻找到什么矿物，自己应该注意哪些矿物。按照我的实际经验来说，只有那些知道自己要找什么的人才一定可以找到矿物。我依稀记得在小的时候去寻找蘑菇，只要找到第一个白蘑菇，就会听到森林里到处都在说："这里也有。"青年矿物学家首先应该知道自己需要注意什么，并且对一个地区有一定的研究（即使是在书本上研究的），这样才能够找到矿物。

如果现在我们在岩石上发现了蓝绿色痕迹，于是推测这里有铜，现在我们用锤子敲下一块之后发现这块岩石上露出了金黄色的黄铜矿。不过，在这个地方，这种黄铜矿到底多不多呢？也许只有几块，也许会多到足以形成一座矿山吧？提出这个问题后，研究工作便进行到了第二个步骤——勘探阶段。矿物学家、地质学家、地球化学家、钻探工作者等全部来到现场，开始对刚刚发现的产地进行勘探。

地质学家画出地质图，指明此地的岩石种类；矿物学家研究矿石，找出和它有关的岩石以及含量最多的地区；地球化学家取样分析成分，取得"平均试样"，分析此地铜的成因，来源以及应该去哪里寻找铜的储藏区；勘探工作者掘开深槽，清除上层的土和其他岩石。如果覆土过多则应挖掘深井，石头用钎穿孔，将炸药包塞进去后引爆，将岩石炸开。之后打扫矿床，追踪着闪亮的小点去寻找矿脉，在向更深的地方钻探的同时研究矿脉的构造、宽度以及随着深度增加而产生的变化。

探井和矿井有的时候会被水淹没，所以，利用排水设备、抽水机、发动机、蒸汽锅炉等进行排水工作也是十分必要的。为了工作方便，还需要开辟一条能够直通矿区的道路。这就需要将森林砍伐出一片区域，并用这些木头建造房屋，代替那些土屋。不仅如此，锻工厂、马厩、仓库以及车库等都要有，矿上还需要钻井架，钻井架上的钻头使用金刚石、伯别基特硬合金或是钢砂制成，可以在强大的发动机带动下钻入岩石深处。钻头钻的越深，被钻成了圆柱体的"岩心"就会顺着钻头后方的长管子升上地面。

当各种发现汇聚起来的时候，就形成了真正的矿。地球化学家鉴定了矿的成分后确定了矿的成因，查明了储量，综合这些信息后再经过长期的野外研究和实验室研究，便可得出结论：

这片铜矿床很大，铜矿石的储量在50万～80万吨之间，其中铜含量约为1.5%，可以进行开采。此地矿床开采方式可以选择露天开采，比较节省财力，并且矿区交通便利，距离铁路很近，周围是森林和水。

这就是一些简短的结论，蓝绿色痕迹下发现的黄铜矿块成为黄铜矿山的起点。

不过，并非是每一次探矿都能有这么好的运气。找到矿石是经常有的事，勘探的结果大部分却是不太如人意的，比如矿石太少，矿脉在下方不远处就因发生尖灭[1]现象而消失，等等。不过，在得到不好的结果后也不要太失望，因为这种情况是无法避免的。并且，这些不好的情况还能够告诉我们如何识别自己的发现以及完整的矿床，我们要在得到这样的结果后用在其他地区的寻找和发掘上用上更多的精力。

勘探是一件非常困难但有趣的事情，并且还有一些益处。如果你非常好学，并且善于思考观察，并且是一个非常优秀的矿物学家，那你可以在这条路上大步前进，为国家带来益处。就算是经历了失败，也一定会在新的地方发现利于国家发展的矿区。

高尔基曾经对青年们说："你们是苏联的青年主人翁，你们有责任知道苏联境内分布在地表或地下的天然富源。"

5. 矿物学家的实验室中有什么

之前的那些新印象、新名词等估计已经让读者感到疲倦了，那么我们现在来做最后一次散步吧。我们要到一个秘密地点去看看矿物学是如何创立的。

现在我们来到了位于莫斯科科学院地质矿物研究所的大楼中，这里算是一个科研机构，霍尔莫戈雷的天才农民罗蒙诺索夫开辟的道路在这里延续了下来，用十分精密的物理、化学和数学方法研究石头。这种方法非常精密，单位甚至是1毫米的百万分之一以及1克的一万万万分之一。

我们首先要去的地方是结晶研究所。天然晶体都会在这里利用测角计测量角度，这些角度甚至能够精确到秒。在这里，测量角度的方法是以天文学定律为依据的，结晶学家用小灯泡照亮放大镜，然后透过放大镜数着晶体的角度数。这些晶体大多数都是和大头针的针头一样大小，

---

[1] 矿脉的末端逐渐变薄而插入其他地层，这种情况叫作尖灭。——译者注

不过闪光的晶体面却有40～50个之多。在读出晶体角度数后结晶学家将使用X射线再次对晶体进行研究，在某间屋子中得到了一万伏特的电压，然后将这个电压生成的电流通过特殊绝缘导线到另一个屋子，然后青年研究者就在这间屋子中开始研究，透过窗子控制着研究过程。

他们通过X射线确立了晶体的内部构造，然后根据相片底片上的图案，分析计算后得出晶体中原子的排列方法。

我们现在去另一间屋子，这里的温度是恒定的，用一定的方法保持着这样的温度。在屋子里有很多特殊的容器，里边盛有一些溶液，这些溶液同样通过水银调节器保持着某个特定的温度。透过容器的玻璃壁可以看到，这些容器内都是些巨大的透明晶体，这些晶体就是在这种"人工温床"上形成的。

我们第三个要去的地方是地质科学研究所的实验室，这里的人正在制备厚度仅有1毫米的百分之几的超薄片，以供放在显微镜下观察。这些人会让阳光或是反射后的灯光透过薄片，研究对象就是这些无法看到结晶格子行列的光现象世界。这些工作必须非常仔细，因为核算需要用到的数字非常精确，单位甚至可以达到1厘米的十亿分之几。这种精密度下的劳动是非常艰难的，有的时候人们需要经过几个月才会得到希望的结果。

也许有人会问，为什么要冒着看坏眼睛的风险而为了1厘米的十亿分之几去费这么大的脑筋和时间呢？提出这种问题的人并不少，不过我只能说这种问题中包含了非常严重的错误和不好的想法。

其实，一些宏大的世界规律就表现在这些微不足道的数字上，表现在1厘米的百万分之几和1厘米的十亿分之几上，这一点在最近的研究中表现得非常明显。根据这些理论数字和得到数字的差便可得知天体的运行速度、原子核的结构、物质结构的定律以及物体对光的吸引情况、物体微粒所受光压、时间和空间的结合以及或物质中的酶，等等。世界的谜团太多了，如果想要解开它们，就必须识破原子钟的巨大能量，依靠我们的一起来进行最精密的推理和计算，在这些小数点后再加上几位。这种数字的最后一位距离小数点有大概20到30位之多，比如

0.000000……50。

我要告诉青年研究家的是，做这项工作的时候一定不能着急，要保持精确度，并且重视按照这种精确度观察和测量出来的自然现象。我们现在从研究矿物比重、透光情况、形状颜色、硬度结构等的矿物实验室来到地球化学实验室，这里同样是需要精确性的，但并不是长度的精确性，而是称量和质量的精确性。

我们来到几个漆黑的房间，这里正是光谱实验室和X射线实验室。这两个实验室中的仪器上安装着很多粗细不同、长短不一的管子，仪器的左方不断发出类似火花的亮光，光源正是一些闪亮的电弧或是X射线高达几万伏特的电压形成的电流。这些怪异的仪器一是用来测定矿物中是否含有某种元素的，其精准度能够达到1克的百万分之几。要知道，化学天平都是无法测量出这种质量来的，二是用光谱来发现矿物中所含的元素。

矿物中一般含有20～30种元素，其原子一般会隐藏在矿物的晶格中，但是我们能够依靠光谱线中一瞬间的闪亮来发现它们。

从这些没有什么光亮的屋子中出来后，我们将进入非常明亮的化学实验室。地球化学家和矿物学家会在这个化学实验室中研究矿物的历史，并且预测矿物在进入工厂后进行的一系列复杂变化。这些科学家在这里将矿物分解，方法大概是用白金锅或是银锅将之熔化，或是将之放入盛有酸的玻璃杯或石英杯中煮沸，又或是用特殊小匙将其放到石英管中进行加热直到发红。在化学实验室中，矿物的旅程很长，地球化学家会将自己在实验中获得的质量数据里录下来，比如二氧化硅、镁、氟等的含量。其实我们可以想象到，如果某种矿物内含有多达30种元素，那么我们对其的分析和研究就会非常困难，同样，将这些元素一一分开也会非常困难。

在得知矿物的秘密后，地球化学家就会接到新的任务，就是想办法在工业领域应用这些矿物，并且让工厂知道应该利用矿物的哪一部分，并且指出利用的方法。如果地球化学家能够在最后一个试制阶段中将需要的产品用烧瓶、坩埚、炉子等用品制作出来，那么就证明他们的努力画上了完美的句号。

在地质矿物研究所中逛完一圈之后，我们便可以去矿物博物馆休息。这里的架子上摆着数千种美丽的矿物，它们正在等待着被熔化，被射线照射或者被烧掉的命运。

6. 矿物学史断片

想要将一门科学研究透彻，就需要知道这门科学的内容、这门科学的兴盛和发展史、这门科学发展的推动者。那么，现在我打算在这一节讲一讲三位在矿物学的发展方面起到了巨大作用的地质学家和化学家们。

这三位分别是罗蒙诺索夫、门捷列夫和卡尔宾斯基。

米哈伊尔·瓦西里耶维奇·罗蒙诺索夫生活和工作的年代距离现在比较久了，他最初只是一个普通的渔民，最后却成长为天才科学家，成长为科学院院士，成为一个家喻户晓的人物。他的出生日期到现在已经有了几百年，他也算是俄国第一个化学家、矿物学家和地质学家。遗憾的是，他的一些想法到现在才开始在科学方面占有一席之地。他首先提出了要查明俄国各地矿物的储量，并指出这样做对俄国带来很大益处。并且，他第一个将化学、物理、数学等学科中的数据导入地质学，并且指出科学之所以是科学，就是因为有非常精确的数字。

德米特里·伊凡诺维奇·门捷列夫和罗蒙诺索夫非常相似，他是19世纪的大化学家，第一个将元素之间的关系弄清楚，并将其按照原子质量来排列，构成了使他名垂千古的元素周期表。他的天才发现构成了现代化学和矿物学的基础，既能让我们预见实验室中可能发生的化学反应，又可以告诉我们什么样的矿产会同时出现，在哪里可以找到什么样的矿产。

亚历山大·彼得罗维奇·卡尔宾斯基是俄罗斯的大科学家，在1936

年逝世。他生前曾担任苏联科学院院长一职长达数年，是现代最伟大的地质学家之一。他首先研究了矿产丰富的乌拉尔，并且出版过很多关于乌拉尔的著作。当然，他为科学做的最大贡献便是对俄罗斯平原地质历史的研究。他将苏联的地质历史阐述了出来，并且说明了之前原本是大海的地方，查明了能够使山岳重叠、陆地隆起、熔化物喷出地面的灾变和断层作用，并且指出了苏联境内的矿产蕴藏地点。

现在请你们记住这三个名字：罗蒙诺索夫、门捷列夫、卡尔宾斯基。

7. 最后的忠告

如果读者一点儿点儿读完了这本书，并且发现了矿物学的有趣之处，并且愿意进一步学习矿物学，那么他应该做些什么呢？

我很乐意帮读者解决提出的问题，如果青年读者们都能够克服本书中的困难读到这一节，我是非常高兴的。

矿物学的初学者需要记住以下六条：

① 要到大自然中收集矿物并且就地观察；

② 将你在工厂和农田找到的正在使用的石头收集起来并进行观察；

③ 将自己的收藏品整理成套；

④ 去参观矿物博物馆；

⑤ 自己试着培养晶体；

⑥ 阅读矿物学方面的书籍。